拼·布包
零碼布玩色手作帖

BOUTIQUE-SHA◎編著

美麗的配色、可愛的圖案，
只要看到各式各樣的布，
是否也會興奮不已的想著——
「該拿來作什麼好呢？」、
「這要如何挑選配色布料才好呢？」

本書介紹的作品，
全部都是由零碼布拼接縫合，
而且簡單就能作好。
包括各式包包、波奇包、居家雜貨與裁縫用具等，
最適合想要享受拼布樂趣的人了！

由於是以全彩形式進行解說，
因此更加容易理解，
請享受親手製作、讓生活更添愉快的布作小物吧！

Contents

1

One-Patch托特包

利用單一紙型拼接完成的One-Patch托特包。
可以放入小錢包、鑰匙與手帕等物，
方便出門帶著的小巧尺寸。

作法 ❧ P.54

設計＆製作　南久美子

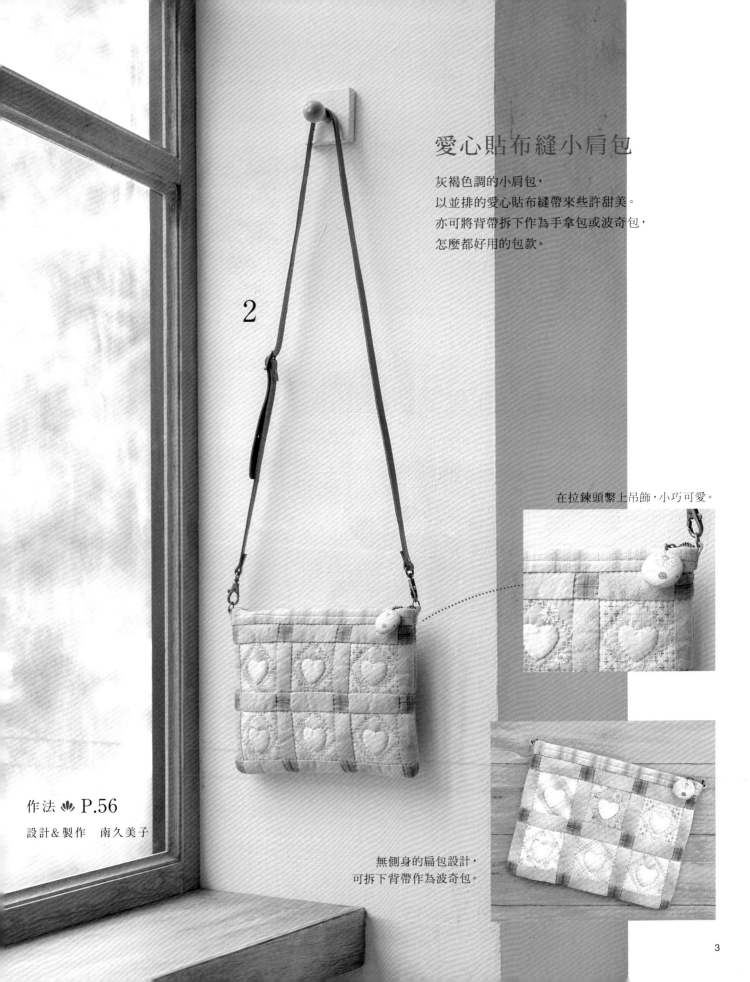

愛心貼布縫小肩包

灰褐色調的小肩包，
以並排的愛心貼布縫帶來些許甜美。
亦可將背帶拆下作為手拿包或波奇包，
怎麼都好用的包款。

2

在拉鍊頭繫上吊飾，小巧可愛。

作法 ❀ P.56
設計＆製作　南久美子

無側身的扁包設計，
可拆下背帶作為波奇包。

3

作法 🌸 P.5
設計　吉田ひろみ
製作　椎野智子

直條拼接束口包

宛如束口袋，
一拉就收緊袋口的可愛設計。
將裁成條狀的布片直接縫在鋪棉上，
以直條拼布的手法組合。

p. 4 - 3　直條拼接束口包

❀ 材料

- 拼縫用布片（茶色系棉布）合計寬 55cm×60cm
- 表布（茶色段染棉布）寬 35cm×45cm
- 單膠鋪棉　寬 75cm×35cm
- 裡布（印花棉布）寬 75cm×35cm
- 滾邊布（茶色段染棉布）寬 3.5cm×55cm 的斜布條
- 圓繩（粗 0.7cm）110cm

※A、D 布片使用直布紋。

※除指定外，縫份皆為 1cm。

原寸紙型　p.57

束口布2片（表布）

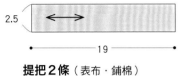

2.5 ←——→ 19

提把2條（表布‧鋪棉）

4.8 ←——→ 原寸裁剪
45

袋布2片（表布‧單膠鋪棉‧裡布）

束口布接縫位置

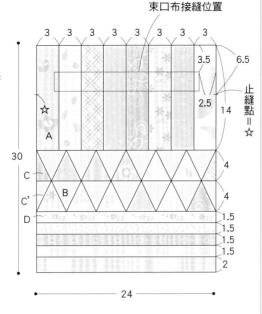

3　3　3　3　3　3　3　3
3.5
6.5
2.5
止縫點＝☆
14
30
A
☆
C
C'
B
4
4
D
1.5
1.5
1.5
1.5
2
24

❀ 作法

1 在單膠鋪棉縫上布片 A。

2. 兩布片正面相對疊於線上車縫，1片翻面。

A（背面）　鋪棉的無膠面

1. 在鋪棉上畫線標示所有布片位置。

A（正面）

B只畫橫線

2 拼縫 B 與 C，再縫至鋪棉上。

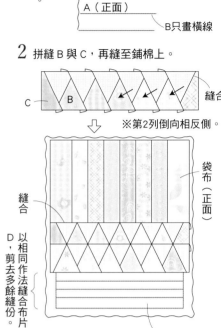

C　B　縫合

※第2列倒向相反側。

袋布（正面）

縫合

D，以相同作法縫合布片，剪去多餘縫份。

鋪棉

3 對齊裡布與袋布縫合。

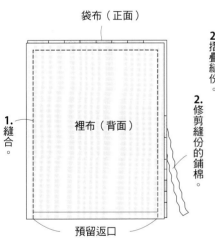

袋布（正面）

1. 縫合。

裡布（背面）

2. 修剪縫份的鋪棉

預留返口

4 車縫壓線，縫上束口布。

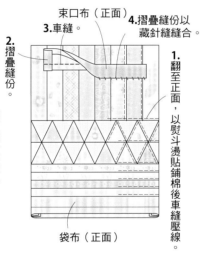

束口布（正面）

3.車縫。

2.摺疊縫份。

4.摺疊縫份以藏針縫縫合。

1.翻至正面，以熨斗燙貼鋪棉後車縫壓線。

袋布（正面）

5 縫合兩片袋布的脇邊。

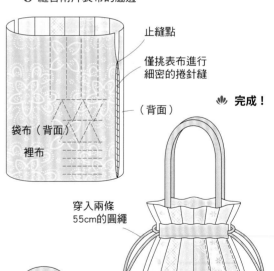

止縫點

僅挑表布進行細密的捲針縫

袋布（背面）

裡布

（背面）

穿入兩條55cm的圓繩

❀ **完成！**

30

8.5

18

6 接縫袋底與袋布，進行滾邊。

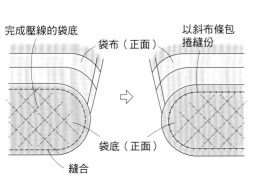

完成壓線的袋底

袋布（正面）

以斜布條包捲縫份。

袋底（正面）

縫合

7 製作提把並接縫。

夾入2.4×43cm的鋪棉

雙摺邊

1.2　車縫0.1cm處

對摺　提把（正面）

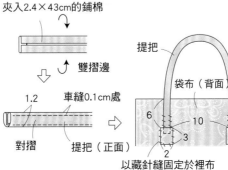

提把

袋布（背面）

6　10　3　藏針縫

3
2

以藏針縫固定於裡布

5

蘇姑娘波奇包

運用拼布人都熟悉的蘇姑娘圖樣，
製作成貼布縫的波奇包。
手掌大的袋身加上拉鍊開口，方便好用。

作法 ❧ P.8

設計＆製作　秋田廣子

4

四角拼縫波奇包

由格紋、橫條紋與印花圖案的
四角形布片拼縫而成的圓弧型波奇包。
宛如花朵的鈕釦及格子狀刺繡是重點裝飾。

作法 ❀ P.9

設計＆製作　秋田廣子

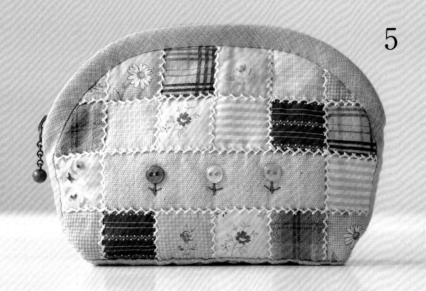

5

p. 6 - 4　蘇姑娘波奇包

🌿 材料　　　　原寸紙型　p.77

- 貼布縫用布　適量
- 貼布縫台布（杏色棉布）寬 10cm×10cm
- 拼縫用布片（印花棉布 2 種）合計寬 15cm×10cm
- 表布（亞麻）寬 15cm×20cm
- 鋪棉　寬 15cm×25cm
- 裡袋布（印花棉布）寬 15cm×25cm
- 胚布（素面白棉布）寬 15cm×25cm
- 滾邊布（格紋棉布）寬 3.5cm×30cm 的斜布條
- 拉鍊（10cm）1 條
- 鈕釦（直徑 0.5cm）2 顆
- 水兵帶（寬 0.5cm）3cm
- 蕾絲 a（寬 0.8cm）5cm
- 蕾絲 b（寬 1.5cm）15cm
- 25 號繡線（綠色）

※縫份為 1cm，貼布縫為 0.7cm。

袋布 1 片（表布・鋪棉・胚布）
裡袋 1 片

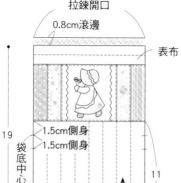

拉鍊開口
0.8cm滾邊
表布
1.5cm側身
1.5cm側身
袋底中心
表布
19
11
1.5
12

🌿 作法

1 在台布上進行貼布縫。

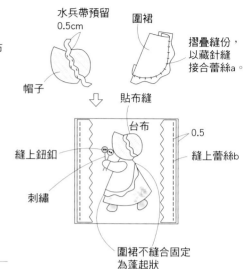

水兵帶預留
0.5cm
圍裙
帽子
摺疊縫份，以藏針縫接合蕾絲a。
貼布縫
台布
0.5
縫上鈕釦
縫上蕾絲b
刺繡
圍裙不縫合固定為蓬起狀

2 製作拼接表布，再疊合鋪棉及胚布進行壓線。

1. 縫合布片，縫份倒向箭頭方向。

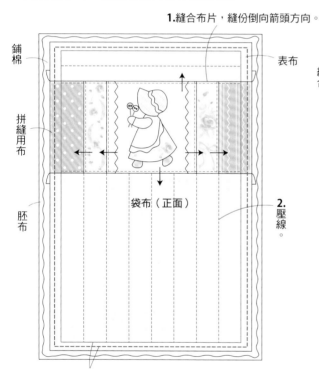

鋪棉
表布
拼縫用布
袋布（正面）
胚布
2. 壓線。
細縫外側0.5cm處

3 縫合袋布脇邊，縫製側身。

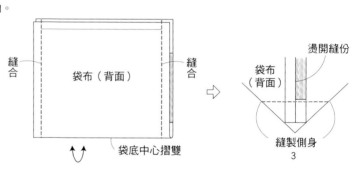

縫合
袋布（背面）
縫合
袋底中心摺雙
燙開縫份
袋布（背面）
縫製側身
3

4 袋口接縫滾邊布。

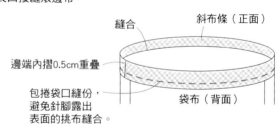

縫合
斜布條（正面）
邊端內摺0.5cm重疊
包捲袋口縫份，避免針腳露出表面的挑布縫合。
袋布（背面）

5 縫合裡袋脇邊，縫製側身。

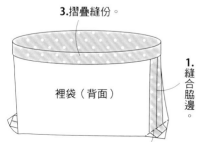

3. 摺疊縫份。
裡袋（背面）
1. 縫合脇邊。
2. 縫製側身。

6 袋口接縫拉鍊，以藏針縫接合裡袋。

1. 袋布翻至正面，接縫拉鍊。

2. 放入裡袋以藏針縫縫合。

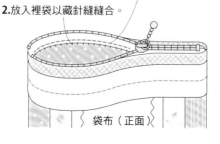

袋布（正面）

🌿 完成！

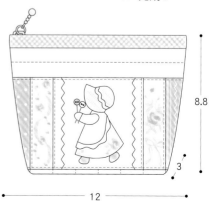

8.8
3
12

p. 7 - 5　四角拼縫波奇包

材料

- 拼縫用布片（各式棉布）合計寬 30cm×35cm
- 表布（亞麻）寬 20cm×15cm
- 鋪棉　寬 20cm×30cm
- 裡袋布（印花棉布）寬 20cm×30cm
- 胚布（素面白棉布）寬 20cm×30cm
- 滾邊布（格紋棉布）寬 3.5cm×70cm 的斜布條
- 拉鍊（20cm）1 條
- 鈕釦（直徑 0.7cm）6 顆
- 25 號繡線（原色、綠色）

※除指定外，縫份皆為 0.8cm。

原寸紙型　p.77

袋布1片（表布・鋪棉・胚布）
裡袋1片

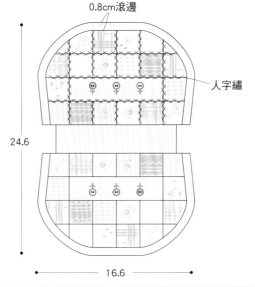

0.8cm滾邊

人字繡

24.6

16.6

作法

1 橫向拼縫每一列的布片。

縫合

（正面）

（背面）

縫份倒向箭頭方向

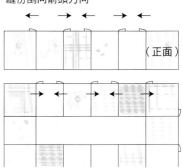

（正面）

2 製作拼接表布，疊合鋪棉及胚布，再進行壓線。

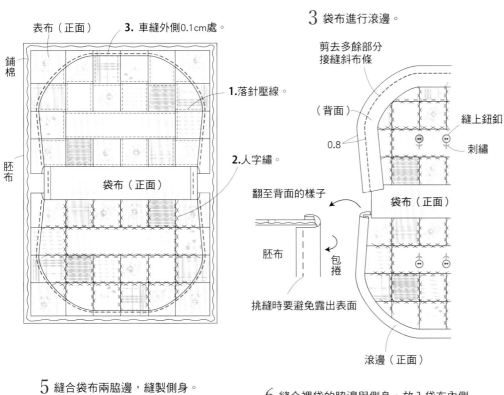

表布（正面）　　3. 車縫外側0.1cm處。

鋪棉

胚布

1.落針壓線。

2.人字繡。

袋布（正面）

3 袋布進行滾邊。

剪去多餘部分
接縫斜布條

（背面）

0.8

縫上鈕釦

刺繡

袋布（正面）

翻至背面的樣子

胚布

包捲

挑縫時要避免露出表面

滾邊（正面）

4 袋布接縫拉鍊。

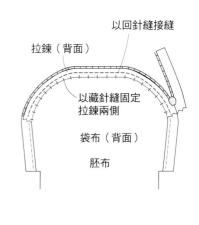

以回針縫接縫

拉鍊（背面）

以藏針縫固定
拉鍊兩側

袋布（背面）

胚布

完成！

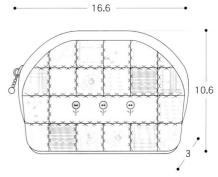

16.6

10.6

3

5 縫合袋布兩脇邊，縫製側身。

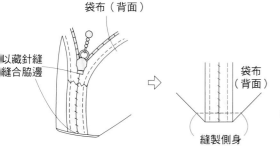

袋布（背面）

以藏針縫
縫合脇邊

袋布
（背面）

縫製側身

6 縫合裡袋的脇邊與側身，放入袋布內側
以藏針縫縫合。

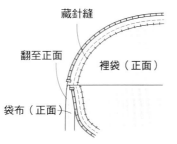

藏針縫

翻至正面

裡袋（正面）

袋布（正面）

鑽石圖案托特包

絢麗繽紛的鑽石形拼布托特包。
圓潤的袋身夾入鋪棉，
以蓬鬆感營造出柔和氛圍。

6

作法 🌸 P.58

設計　瀧田裕子
製作　井上尚子

10

7

四角拼縫提包

均衡排列的寒色系布片拼縫成具有側身的手提包。
不僅容量大,可以大大開啟的袋口也容易取放物品,
十分推薦作為日常包使用。

作法 ❀ P.12

設計＆製作　豬俣友紀（neige+）

內側有兩個口袋,
便於收納經常使用的物品。

袋布2片（表布‧單膠鋪棉‧裡布）

提把接縫位置

5　中心　5

19

24

半徑5cm的圓弧

◈ 材料

- 拼縫用布片（棉布‧亞麻）合計寬 100cm×30cm
- 表布（綠色亞麻）寬 30cm×35cm
- 單膠鋪棉　寬 90cm×35cm
- 裡布（直條紋棉布）寬 110cm×35cm
- 提把織帶（寬 2cm）68cm
- 磁釦（直徑 1.5cm）1 組
- 布標　適量

※除指定外，縫份皆為 1cm。

側身2片
（表布‧單膠鋪棉‧裡布）

2

29

表布

裡布

0.5

12

內口袋1片（裡布）

0.5

一邊是原寸裁剪

9.5

摺雙

20

※內口袋是寬22cm×20cm的原寸裁剪。

◈ 作法

1 布片 A 橫向拼縫成列，縫份倒向同一側車縫。

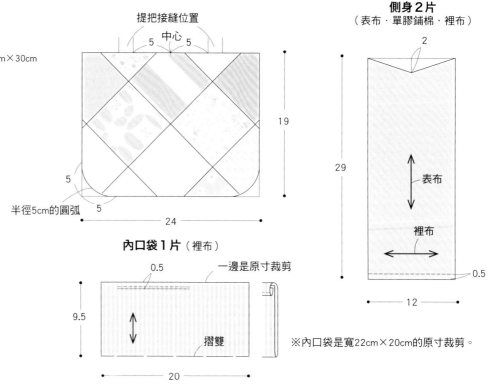

縫合

A（背面）

A（正面）

拼縫，縫份倒向箭頭方向。

3片

車縫 0.1 cm 處

4片　A

4片

3片

2 接縫各列再裁出袋布形狀，燙貼單膠鋪棉。

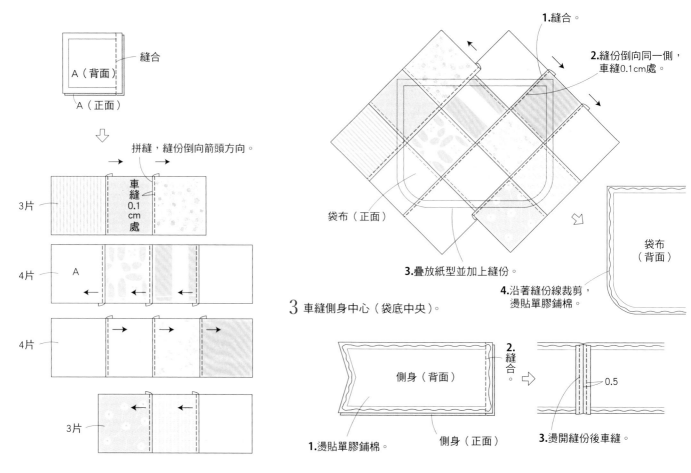

1.縫合。

2.縫份倒向同一側，車縫0.1cm處。

袋布（正面）

3.疊放紙型並加上縫份。

4.沿著縫份線裁剪，燙貼單膠鋪棉。

袋布（背面）

3 車縫側身中心（袋底中央）。

側身（背面）

2.縫合。

0.5

側身（正面）

1.燙貼單膠鋪棉。

3.燙開縫份後車縫。

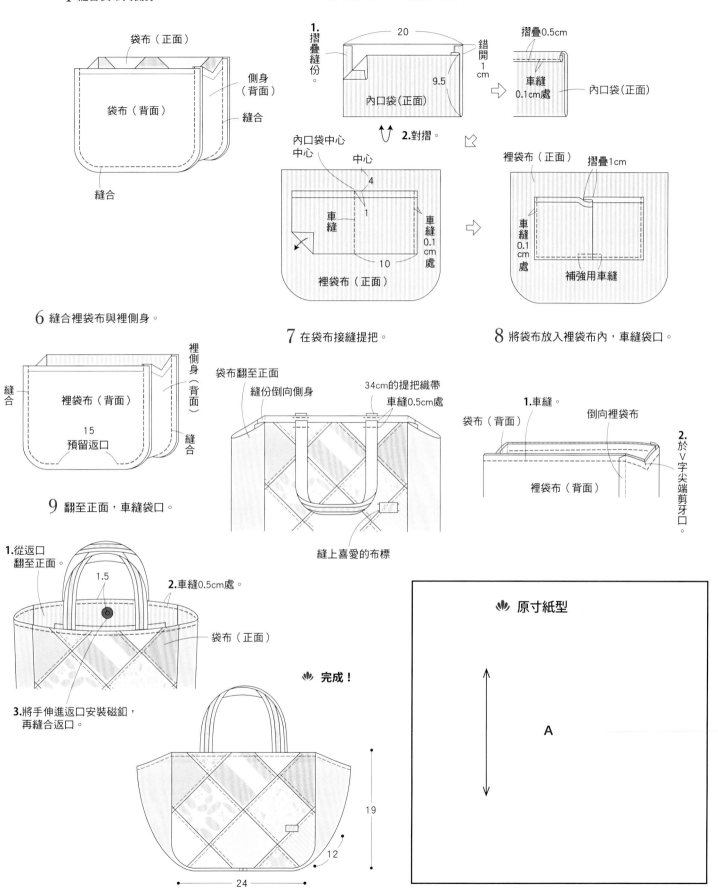

4 縫合袋布與側身。

袋布（正面）

側身（背面）

袋布（背面）

縫合

縫合

5 製作內口袋，接縫於裡袋布。

1. 摺疊縫份。

20

錯開1cm

內口袋（正面）

9.5

摺疊0.5cm

車縫0.1cm處

內口袋（正面）

2. 對摺。

內口袋中心中心

中心

4

1

車縫

10

車縫0.1cm處

裡袋布（正面）

裡袋布（正面）

摺疊1cm

車縫0.1cm處

補強用車縫

6 縫合裡袋布與裡側身。

縫合

裡袋布（背面）

15

預留返口

裡側身（背面）

縫合

7 在袋布接縫提把。

袋布翻至正面

縫份倒向側身

34cm的提把織帶

車縫0.5cm處

縫上喜愛的布標

8 將袋布放入裡袋布內，車縫袋口。

1. 車縫。

袋布（背面）

倒向裡袋布

裡袋布（背面）

2. 於V字尖端剪牙口。

9 翻至正面，車縫袋口。

1. 從返口翻至正面。

1.5

2. 車縫0.5cm處。

袋布（正面）

3. 將手伸進返口安裝磁釦，再縫合返口。

❀ 完成！

19

12

24

❀ 原寸紙型

A

清爽配色肩背包

使用黃、藍與淺綠等清爽顏色，
作出令人印象深刻的肩背包。
隨意拼縫四角形布片的趣味設計。

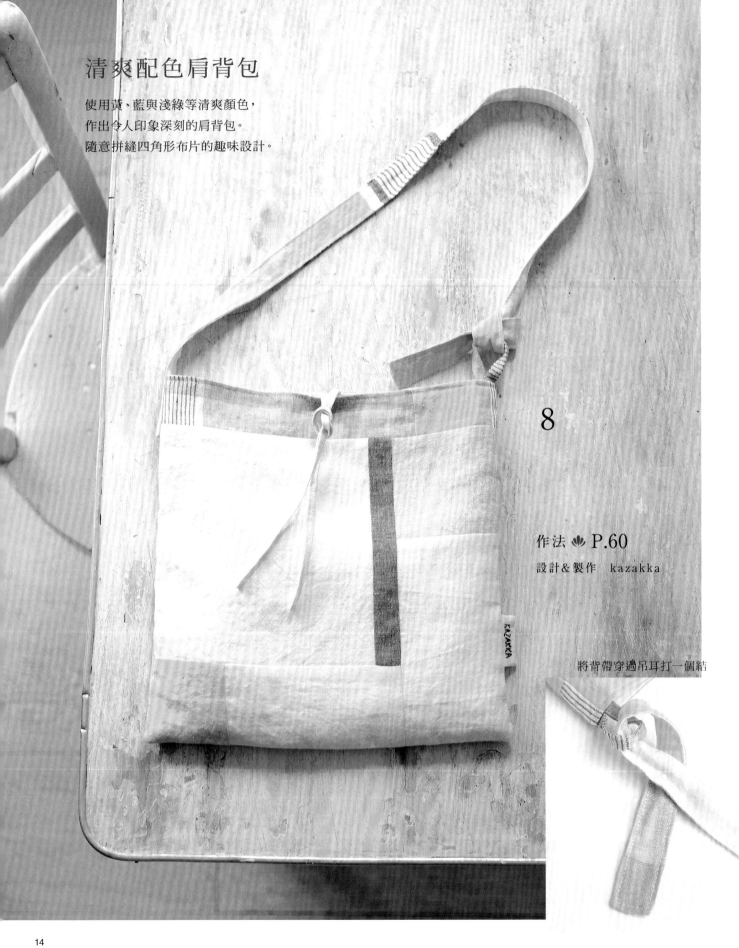

8

作法 🌸 P.60

設計&製作　kazakka

將背帶穿過吊耳打一個結

半月形繽紛波奇包

由復古花布拼縫而成的半月形波奇包，
洋溢著熱鬧活潑的氣氛。
無側身的偏大尺寸，
收納能力意外地比想像的還要多。

9

作法 ❧ P.16

設計&製作　kazakka

❁ **材料**

- 拼縫用布片、拉鍊擋布（棉布・亞麻）合計寬 80cm×25cm
- 裝飾布（白色蕾絲布）寬 30cm×20cm
- 裡袋（原色素面棉布）寬 60cm×20cm
- 拉鍊（25cm）1 條
- 單圈（直徑 1.2cm）1 個

※除指定外，縫份皆為 1cm。

❁ **作法**

1 拼縫布片，製作袋布。

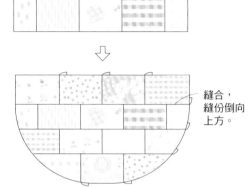

縫份倒向同一側

縫合

縫合，縫份倒向上方。

2 拉鍊頭尾縫上擋布。

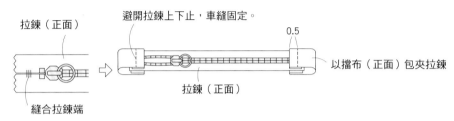

拉鍊（正面）

避開拉鍊上下止，車縫固定。

0.5

以擋布（正面）包夾拉鍊

拉鍊（正面）

縫合拉鍊端

3 袋布接縫拉鍊。與裡袋相疊縫合，翻至正面。

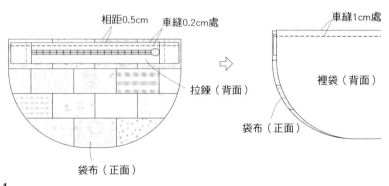

相距0.5cm　車縫0.2cm處

拉鍊（背面）

袋布（正面）

車縫1cm處

裡袋（背面）

袋布（正面）

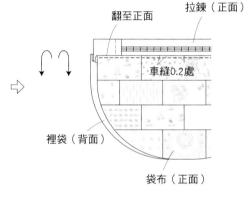

翻至正面

拉鍊（正面）

車縫0.2處

裡袋（背面）

袋布（正面）

4 以相同方式接縫另一側袋布的拉鍊。

與另1片裡袋（正面）重疊

0.5　車縫0.2cm處

袋布（正面）

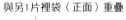

裡袋（正面）

車縫1cm處

上面疊放另一片袋布（背面）

袋布（背面）

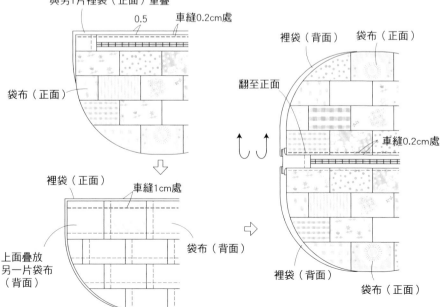

裡袋（背面）　袋布（正面）

翻至正面

車縫0.2cm處

裡袋（背面）

袋布（正面）

5 袋布與袋布、裡袋與裡袋各自對齊，縫合四周。接著翻至正面，縫合返口。

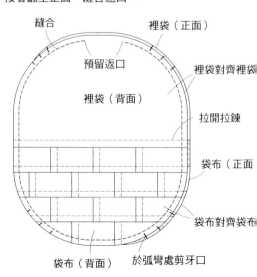

縫合

裡袋（正面）

預留返口

裡袋對齊裡袋

裡袋（背面）

拉開拉鍊

袋布（正面）

袋布對齊袋布

袋布（背面）

於弧彎處剪牙口

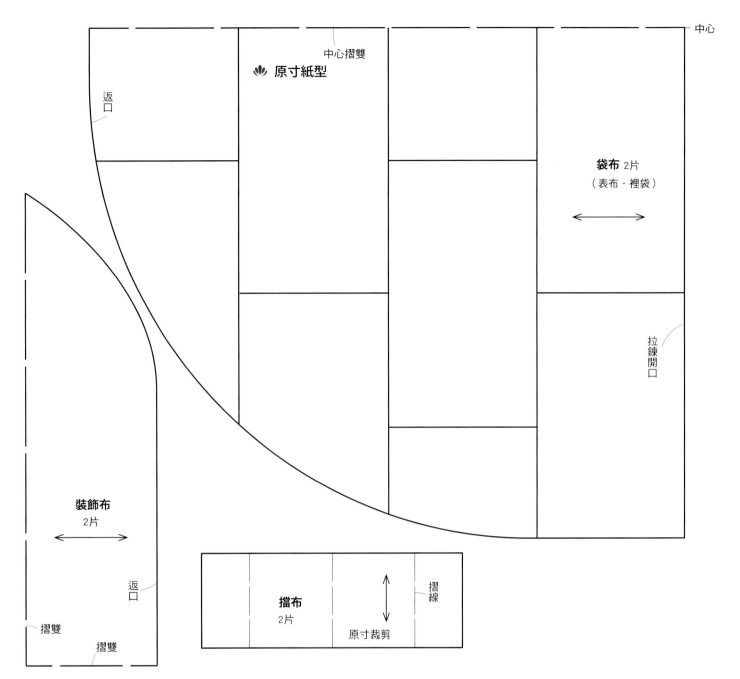

中心

中心摺雙

❀ 原寸紙型

返口

袋布 2片
（表布・裡袋）

拉鍊開口

裝飾布
2片

返口

摺雙

摺雙

擋布
2片

摺線

原寸裁剪

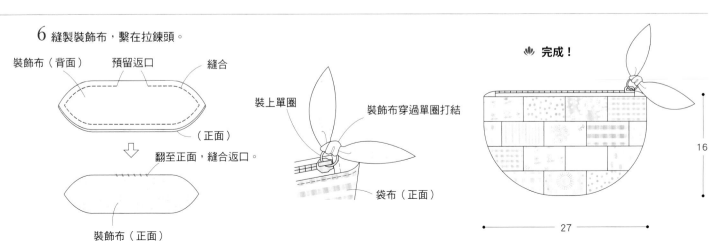

6 縫製裝飾布，繫在拉鍊頭。

裝飾布（背面）　　預留返口　　縫合

（正面）

⬇

翻至正面，縫合返口。

裝飾布（正面）

裝上單圈

裝飾布穿過單圈打結

袋布（正面）

❀ 完成！

16

27

10

托特包

只是改變布的方向，就成了宛如
直條紋與橫條紋交錯的橫長托特包。
僅僅穿插一片重點圖案布，
立即顯得個性十足。

作法 ❀ P.20

設計＆製作　ここほれわんわん
（丸濱淑子・由紀子）

11

12

作法 11⋯P.64
12⋯P.62

設計&製作 ここほれわんわん
（丸濱淑子・由紀子）

12的背面。
脖子上的緞帶是亮點。

狗狗波奇包

暖心表情、討人喜歡狗狗波奇包。
貼布縫的眼睛與耳朵、以刺繡勾勒四肢，
還有表現絨毛感的壓線，所有細節都不馬虎。
除了當作一般波奇包使用，
也可像11那樣掛在包包作為外口袋。

19

🌿 材料

- 拼縫用布片（條紋棉布）
  - a 布（藏青 × 紅）寬 20cm × 35cm
  - b 布（焦茶 × 紅）寬 30cm × 20cm
  - c 布（藏青 × 綠）寬 35cm × 20cm
  - d 布（藏青 × 茶）寬 35cm × 20cm
- 拼縫用布片（圖案棉布）寬 30cm × 20cm
- 表布（芥末黃棉布）寬 70cm × 20cm
- 裡布（印花棉布）寬 65cm × 75cm
- 鋪棉　寬 40cm × 75cm
- 接著襯（薄）寬 70cm × 25cm
- 底板　寬 22cm × 12cm
- 提把（40cm）1 組

※袋布的布紋與條紋平行。
※除指定外，縫份皆為1cm。

無原寸紙型

內口袋1片
（裡布・接著襯）

摺雙

15

18

貼邊1片（表布・接著襯）

5

68

袋布1片
（表布・鋪棉・裡布）

提把接縫位置
中心　6
壓線
b
a
14
7
圖案布
c
d
14
17
側身
表布
12　袋底中心
1.5cm
格狀壓線
側身
圖案布
d
c
14
7
a
b
14
17　17
34

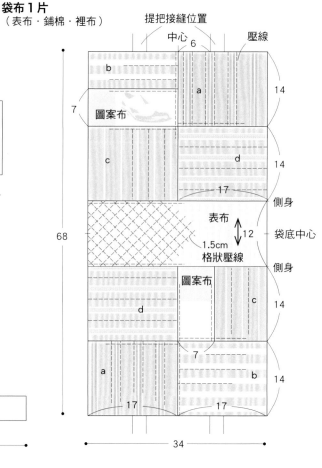

🌿 作法

1 拼縫布片，再與袋底縫合，製作表布。

1.縫合。　2.縱向縫合。

3.與袋底縫合。

袋底

2 表布疊合鋪棉，再與裡布進行壓線。

袋布
（正面）

表布
鋪棉
裡布
裡布額外加上2cm縫份
沿著條紋壓線

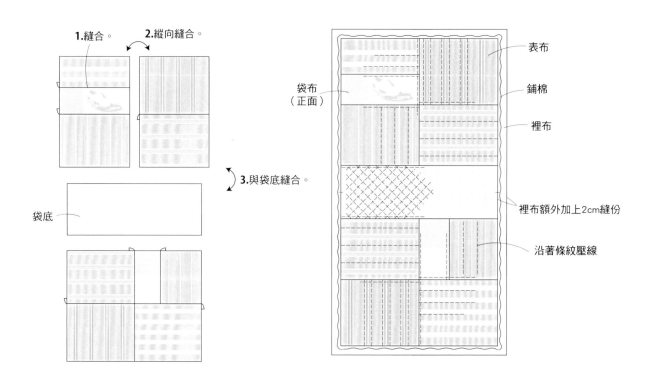

3 縫合袋布兩脇邊，包捲縫份。

4 縫製袋布的側身。

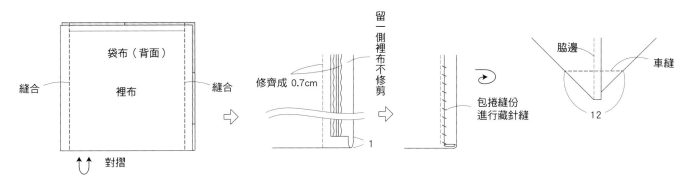

袋布（背面）

裡布

縫合　　　　　　　　　縫合

對摺

修齊成 0.7cm

留一側裡布不修剪

1

包捲縫份進行藏針縫

脇邊　　　車縫

12

5 製作內口袋，以藏針縫接縫於袋布背面。

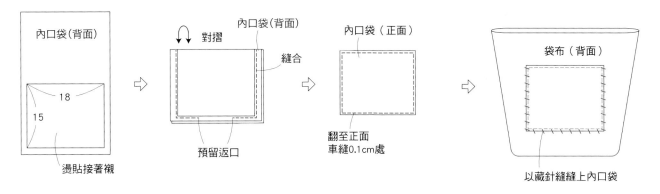

內口袋（背面）

18

15

燙貼接著襯

對摺

內口袋（背面）

縫合

預留返口

內口袋（正面）

翻至正面
車縫0.1cm處

袋布（背面）

以藏針縫縫上內口袋

6 製作貼邊，夾入提把與袋布縫合，翻至正面以藏針縫固定。

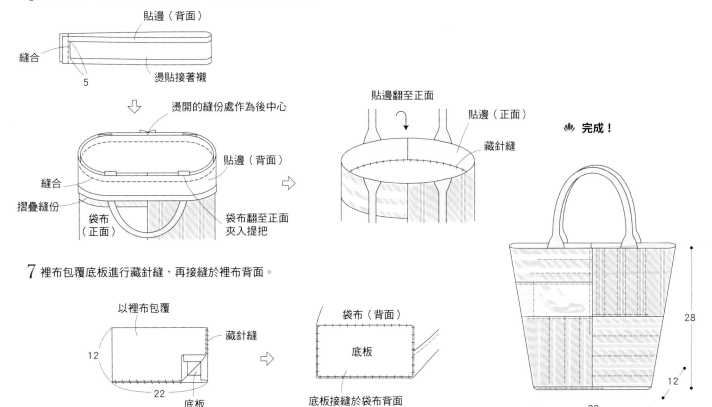

貼邊（背面）

縫合

5

燙貼接著襯

燙開的縫份處作為後中心

縫合

摺疊縫份

袋布（正面）

貼邊（背面）

袋布翻至正面
夾入提把

貼邊翻至正面

貼邊（正面）

藏針縫

완 完成！

7 裡布包覆底板進行藏針縫，再接縫於裡布背面。

以裡布包覆

藏針縫

12

22

底板

袋布（背面）

底板

底板接縫於袋布背面

28

12

22

{ Part.2 }

为生活增色的拼布小物

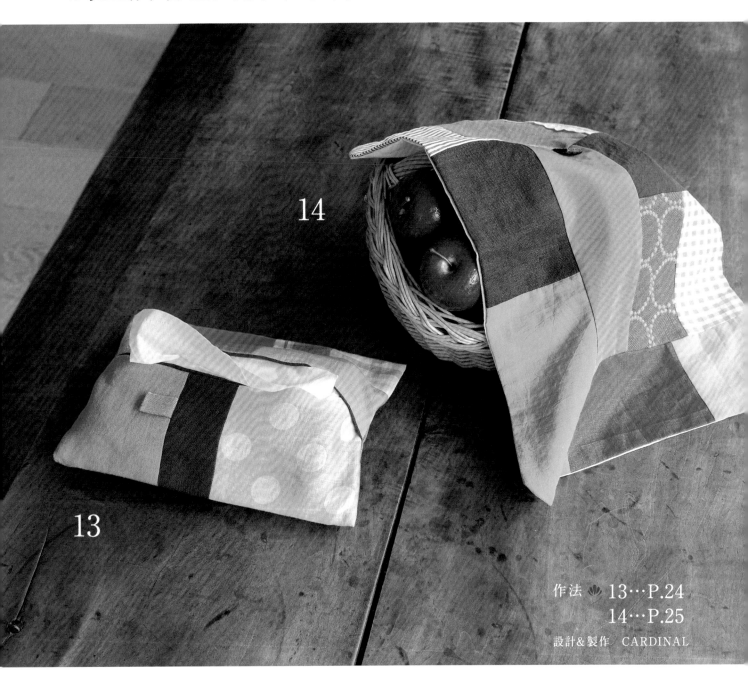

14

13

作法 🌸 13···P.24
14···P.25
設計&製作　CARDINAL

五顏六色面紙套&多用途布墊

只是擺放著，室內就隨之一亮的絢麗餐桌布小物。
面紙套不論是盒裝或軟包裝均適用。
尺寸稍大的布墊，亦可作為收納用的防塵蓋布。

印花布與素色布平衡配置的多用途布墊，當作餐墊也OK。

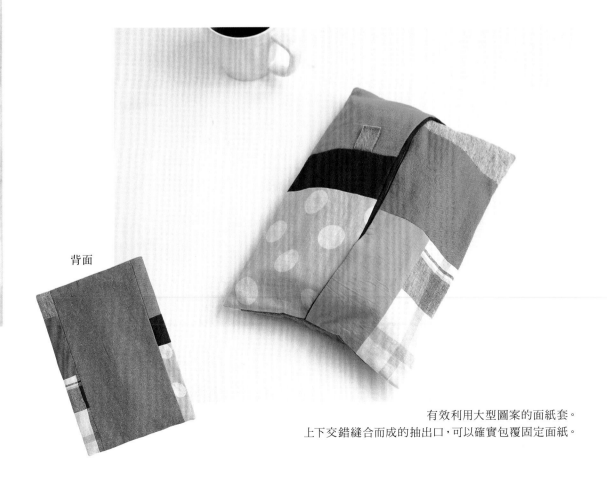

背面

有效利用大型圖案的面紙套。
上下交錯縫合而成的抽出口，可以確實包覆固定面紙。

本體1片・裡布1片

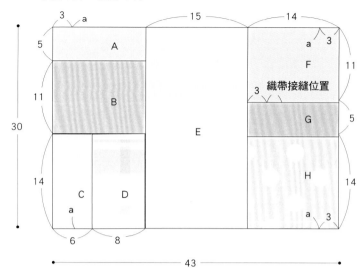

材料

- 零碼布（棉布、亞麻）合計寬 55cm×40cm
- 裡布（藏青亞麻）寬 45cm×35cm
- 織帶（寬 2cm）8cm

※A ～ H 的布紋為直布紋。

※縫份為 1cm。

無原寸紙型

作法

1 縫製本體。

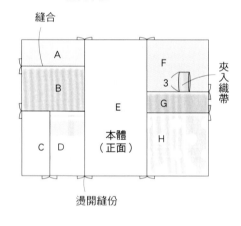

2 對齊本體與裡布縫合脇邊，燙開縫份。

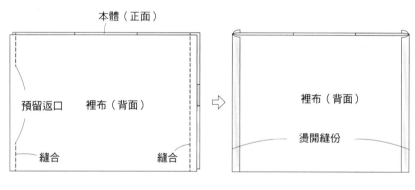

3 兩脇邊內摺，交錯疊合 a 點。

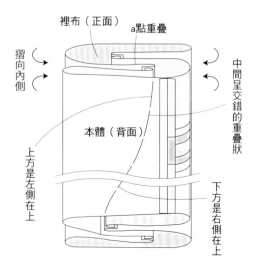

4 縫合本體的上下兩端。

5 翻至正面。

✿ 完成！

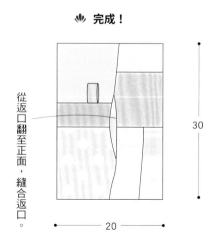

材料

- 零碼布（棉布、亞麻）合計寬 60cm×50cm
- 裡布（原色棉布）寬 55cm×40cm
- 蕾絲（寬 2.5cm）20cm
- 織帶（寬 2cm）7cm

※A～K 的布紋為直布紋。

※縫份為 1cm。

無原寸紙型

本體1片・裡布1片

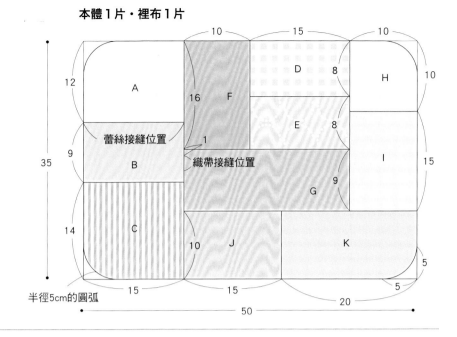

蕾絲接縫位置

織帶接縫位置

半徑5cm的圓弧

作法

1 依字母順序拼接本體。

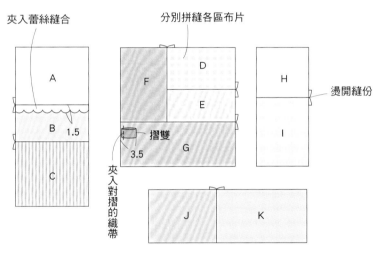

夾入蕾絲縫合

分別拼縫各區布片

燙開縫份

夾入對摺的織帶

摺雙

2 縫合整體，修剪圓角。

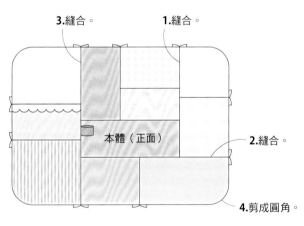

3.縫合。

1.縫合。

2.縫合。

本體（正面）

4.剪成圓角。

3 對齊本體與裡布，縫合四周。

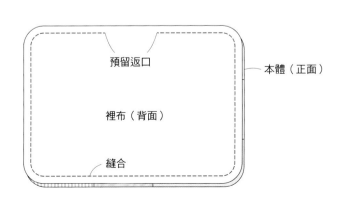

預留返口

本體（正面）

裡布（背面）

縫合

4 翻至正面。

完成！

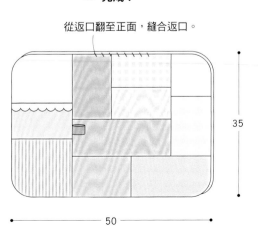

從返口翻至正面，縫合返口。

杯墊

簡約的方形杯墊。
15是凸顯印花布的設計，
16則是統合同一色調。
請依照想要營造的感覺
進行製作吧！

作法 ❦ P.33

設計＆製作　komihinata

15

16

餐墊

配色活潑的餐墊，
似乎讓用餐時間更愉快了。
因為利用了較大片的零碼布，
不妨享受一下
大型圖案的搭配組合之趣。

背面

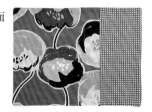

翻至背面亦可使用的
雙面款式。

17

作法 ❦ P.67

設計＆製作　niko

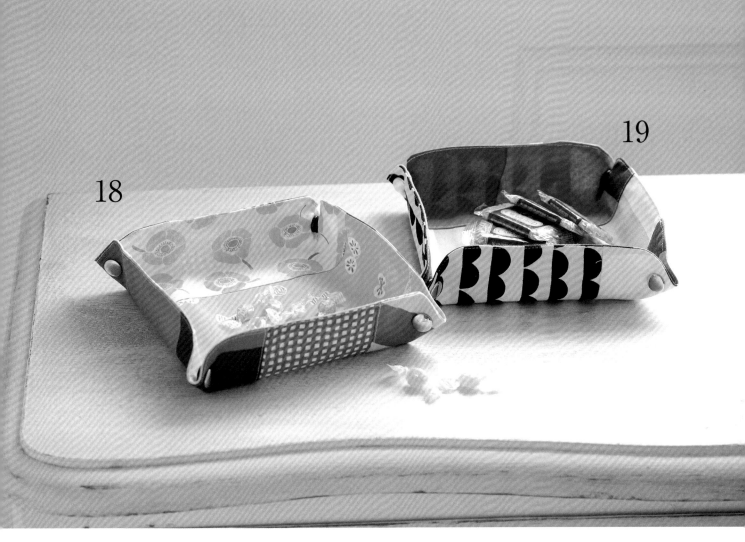

18

19

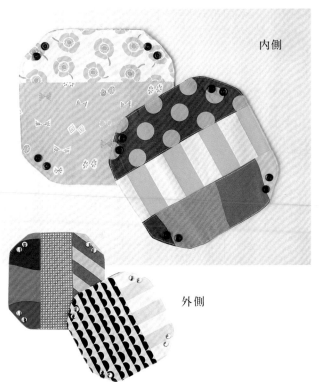

内側

外側

小物收納盒

扣上四角落的四合釦
就變身為立體小物收納盒。
無論盛放糖果點心或是整理家中零碎小物，
感覺都很好用！

作法 ✿ P.30

設計＆製作　niko

解開釦子即可捲起收納。

抱枕套

只需直線縫合零碼布就能完成的抱枕套。
以原色×藍色的自然色調為主,
不必在意家居氛圍的百搭設計,正是其魅力所在。

20

作法 ❧ P.31

設計＆製作　猪俣友紀(neige+)

繡框掛飾

直線縫合零碼布，
再放入繡框繃緊固定
就完成的簡單掛飾。
很適合用來妝點牆面。

21

22

作法 🌸 P.32

設計&製作　komihinata

23

餐具盒

餐具盒的重點在盒口的波浪邊。
用於收納湯匙、叉子等餐具之外，
也可擺放餐桌上的調味料等。

作法 🌸 P.33

設計&製作　kazakka

本體1片

裡本體1片

免工具塑膠
四合釦

25

a   b   c

d

e

25

❀ 材料

- 本體（印花棉布）
  - a 布　寬 15cm×30cm
  - b 布　寬 15cm×30cm
  - c 布　寬 15cm×30cm
- 裡本體（印花棉布）
  - d 布　寬 30cm×15cm
  - e 布　寬 30cm×20cm
- 免工具塑膠四合釦（直徑 1.2cm）4 組

※縫份為 1cm。

❀ 作法

1 依紙型裁剪後拼縫布片，製作本體。裡本體也同樣進行裁剪拼接。

2 縫合本體與裡本體。

縫合
（正面）
（背面）

⇨

車縫
0.3
cm
處

本體（正面）

縫份倒向外側

裡本體（正面）

縫合

本體
（背面）

預留返口

3 翻至正面，安裝塑膠四合釦。

1. 翻至正面，車縫0.3cm處。

本體
（正面）

2. 安裝免工具塑膠
四合釦。

❀ 原寸紙型

裡本體拼接位置

本體

塑膠四合釦安裝位置

a·c·d

b·e

摺雙

摺雙

❀ 完成！

約4

約15

約15

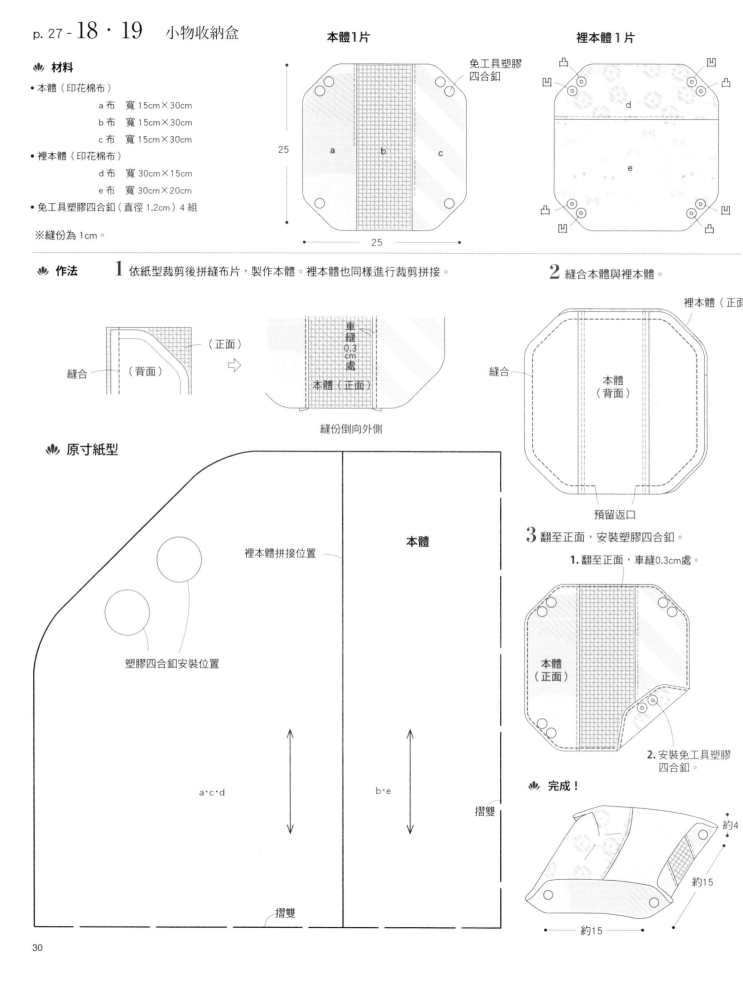

❀ 材料

- 拼縫用布片（棉布・亞麻）合計寬 50cm×50cm
- 後表布（有布邊的亞麻布）寬 55cm×45cm
- 布標　適量

※除指定外，縫份皆為 1cm。

無原寸紙型

前本體1片

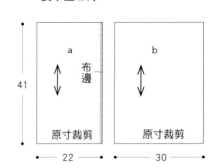

13

13

39

39

後本體2片

a　　　布邊

b

41

原寸裁剪　　原寸裁剪

22　　　30

※後片a使用含布邊的亞麻布。
　若使用無布邊布料需加上2cm縫份，
　1cm三摺邊車縫（依24×41cm尺寸裁布）。

❀ 作法

1 橫向拼縫前片的各列布片。

1. 縫合。

2. 兩片一起Z字形車縫。

（背面）

（正面）

3. 縫份倒向箭頭方向。

4. 車縫
0.1cm處

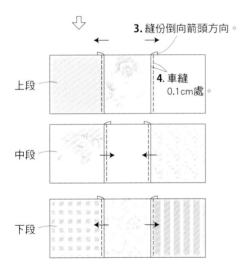

上段

中段

下段

2 拼縫三段。

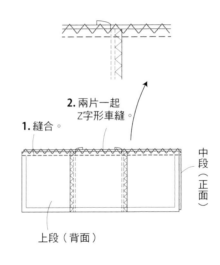

2. 兩片一起
Z字形車縫。

1. 縫合。

上段（背面）

中段（正面）

3 縫份壓線，縫上布標。

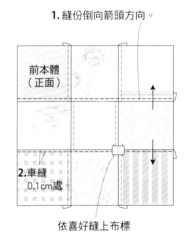

1. 縫份倒向箭頭方向。

前本體
（正面）

2. 車縫
0.1cm處

依喜好縫上布標

4 製作後本體開口，重疊兩片車縫。

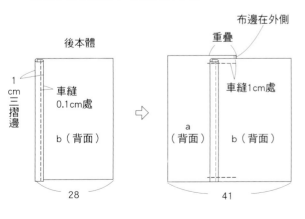

後本體

1cm三摺邊

車縫
0.1cm處

b（背面）

28

布邊在外側

重疊

車縫1cm處

a（背面）　b（背面）

41

5 前後本體疊合對齊，縫合四周。

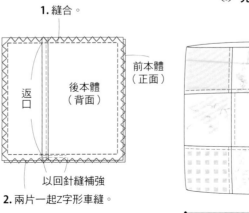

1. 縫合。

返口

後本體
（背面）

前本體
（正面）

以回針縫補強

2. 兩片一起Z字形車縫。

❀ 完成！

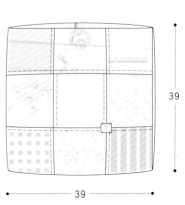

39

39

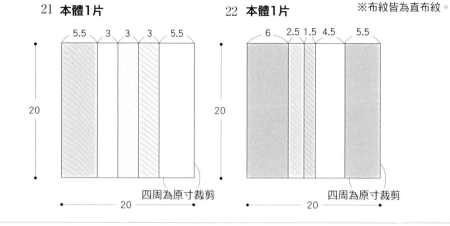

材料

- 零碼布（各色棉布）適量
- 繡框（直徑 16cm）1 個

※除指定外，縫份皆為 1cm。

無原寸紙型

21 **本體1片**

5.5　3　3　3　5.5

20

四周為原寸裁剪

20

22 **本體1片**

6　2.5　1.5　4.5　5.5

20

四周為原寸裁剪

20

※布紋皆為直布紋。

作法　　**1** 裁剪拼縫布片。　　　　**2** 夾入繡框繃緊，背面接縫固定。

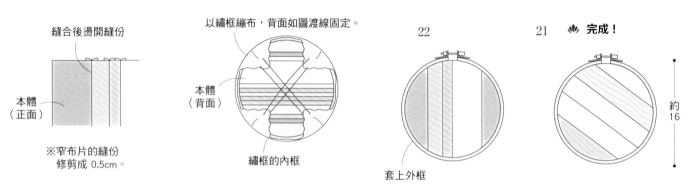

縫合後燙開縫份

本體（正面）

※窄布片的縫份修剪成 0.5cm。

以繡框繃布，背面如圖渡線固定。

本體（背面）

繡框的內框

22

套上外框

21　**完成！**

約16

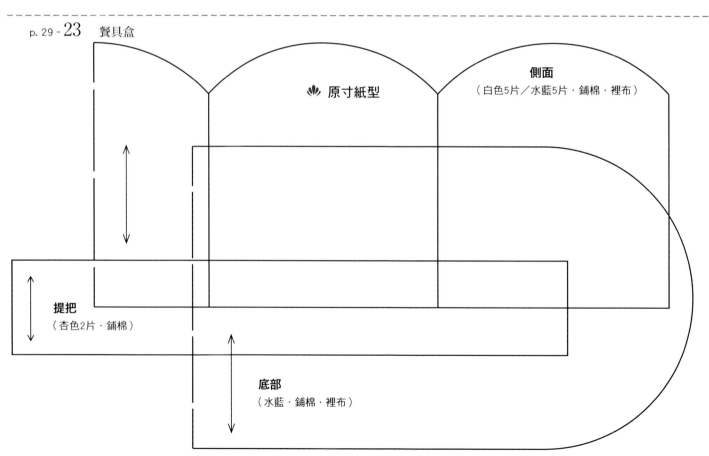

原寸紙型

側面
（白色5片／水藍5片・鋪棉・裡布）

提把
（杏色2片・鋪棉）

底部
（水藍・鋪棉・裡布）

❀ 材料
- 水藍亞麻　寬 40cm×20cm
- 白色亞麻　寬 40cm×10cm
- 鋪棉　寬 35cm×30cm
- 裡布（直條紋棉布）寬 35cm×30cm
- 杏色亞麻　寬 20cm×10cm
- 鈕釦（直徑 1.5cm）2 顆
- 刺子繡線（原色）

※縫份為 1cm。

原寸紙型　p.32

❀ 作法

1 藍白交錯拼接側面，疊上鋪棉後縫合脇邊。

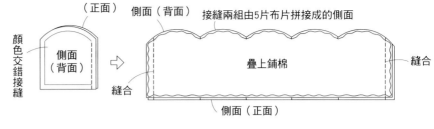
（正面）
顏色交錯接縫
側面（背面）
側面（背面）
接縫兩組由5片布片拼接成的側面
疊上鋪棉
縫合
縫合
側面（正面）

2 縫合側面與盒底。

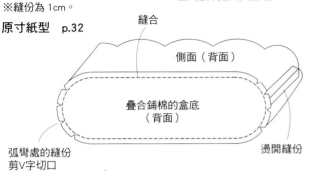
縫合
側面（背面）
疊合鋪棉的盒底（背面）
弧彎處的縫份剪V字切口
燙開縫份

3 縫合裡側面的脇邊，再接縫裡底。

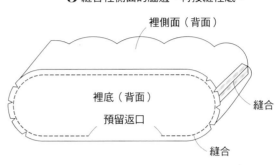
裡側面（背面）
裡底（背面）
預留返口
縫合
縫合

4 對齊疊合側面與裡側面，車縫盒口。

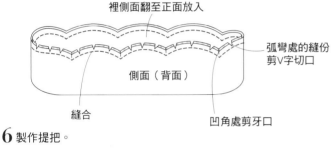
裡側面翻至正面放入
弧彎處的縫份剪V字切口
側面（背面）
縫合
凹角處剪牙口

5 翻至正面，縫製壓線。

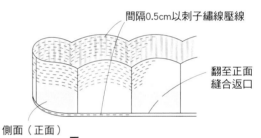
間隔0.5cm以刺子繡線壓線
翻至正面縫合返口
側面（正面）

6 製作提把。

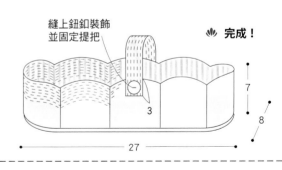
提把（背面）
縫合
以刺子繡線壓線
（正面）
（正面）
預留返口
鋪棉
翻至正面，縫合返口。

7 將提把接縫於側面。

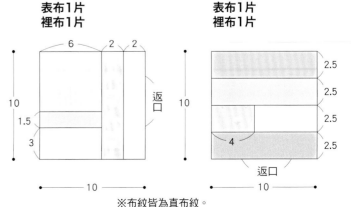
縫上鈕釦裝飾並固定提把
❀ 完成！
3
7
8
27

---

p. 26 - 15・16　杯墊

❀ 材料　　　　無原寸紙型
- 表布（棉布）合計寬 20cm×15cm
- 裡布（棉布）寬 12cm×12cm

※縫份為 1cm。

❀ 作法

1 裁剪布片，拼縫成表布。

2 表布與裡布正面相對，縫合四周後翻至正面。

3 縫合返口。

表布1片
裡布1片
6　2　2
10
1.5
3
返口
10

表布1片
裡布1片
2.5
2.5
2.5
2.5
4
返口
10

※布紋皆為直布紋。

便當袋

束口型的便當袋，中間的圓點格外吸睛。
擁有足夠的寬度與高度，
要放入筷子或保冷劑都不成問題。

24

作法 ❀ P.78

設計＆製作　hari_to_ito

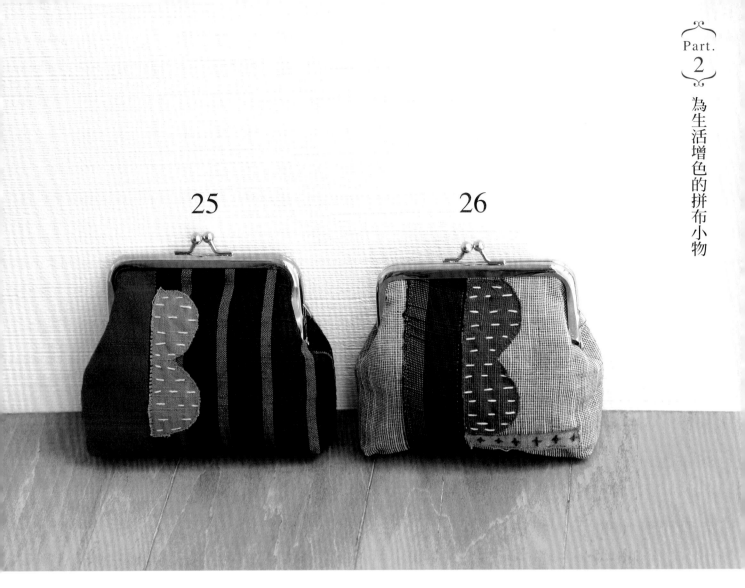

25

26

貼布縫上飾以帶有隨性感的刺繡
顯得更加吸睛。

口金波奇包

帶點和風色調的口金包,
胖鼓鼓的圓潤造型為其重點。
因為容量大,可以有各式各樣的用途!

作法 🌼 P.66

設計&製作　hari_to_ito

{ Part.3 } 女孩們的最愛！少女風小物

27

28

作法 ❀ 27⋯P.70
28⋯P.68

設計＆製作 指吸快子

少女風波奇包

擄獲少女情懷的甜美波奇包。
27 的彈片口金波奇包
特地設計成手提包形狀。
28 掌心大的拉鍊波奇包，
方便隨身攜帶。

一壓就完全打開的大開口，
容易取放物品。

吊飾的形狀等細節也很講究。

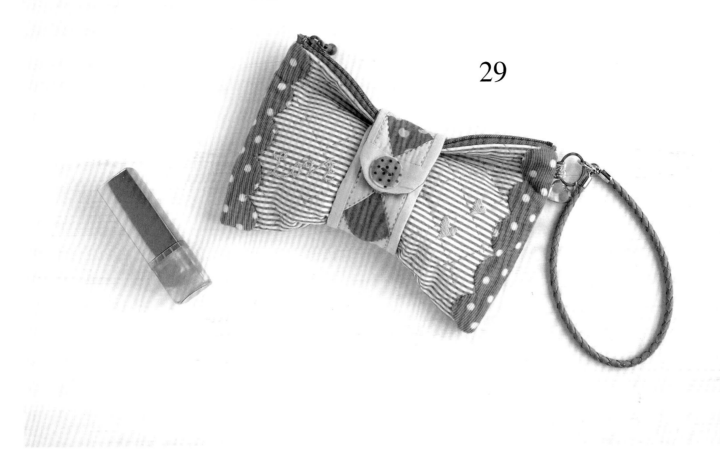

29

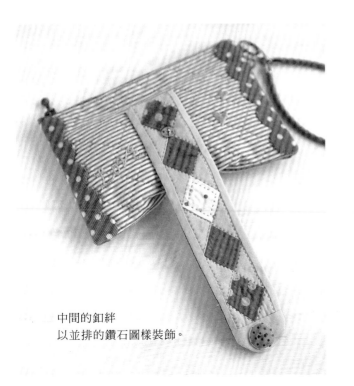

中間的釦絆
以並排的鑽石圖樣裝飾。

蝴蝶結造形波奇包

長方形的波奇扁包，
以中間的釦絆束緊就變成蝴蝶結了！
大小剛好可以用來收放口紅等
隨身化妝品。

作法 🌸 P.38

設計＆製作　指吸快子

❀ 材料

- 貼布縫用布（粉紅燈芯絨）寬 15cm×15cm
- 表布（粉紅條紋棉布）寬 30cm×20cm
- 拼縫用布片（薄荷綠棉布）寬 25cm×15cm
- 拼縫用布片（粉紅·白底印花棉布）合計寬 15cm×10cm
- 單膠鋪棉　寬 30cm×30cm
- 裡布（粉紅素面棉布）寬 30cm×30cm
- 拉鍊（16cm）1 條
- 緞帶（寬 1cm）4cm
- 單圈（1.8cm）1 個
- 暗釦（直徑 1cm）1 組
- 鈕釦（直徑 1.8cm）1 顆
- 吊飾繩（附釦頭約 29cm）1 條、吊飾 1 個
- 25 號繡線（薄荷綠）

※除指定外，縫份皆為 1cm。

原寸紙型　p.71

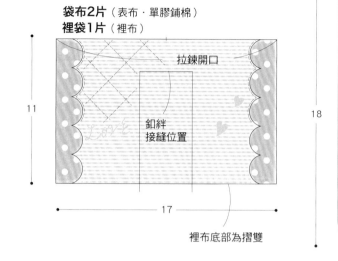

釦絆 1 片
（表布·單膠鋪棉·裡布）
4

袋布 2 片（表布·單膠鋪棉）
裡袋 1 片（裡布）

拉鍊開口

釦絆
接縫位置

11

18

17

裡布底部為摺雙

❀ 作法

1 袋布加上貼布縫後進行壓線。

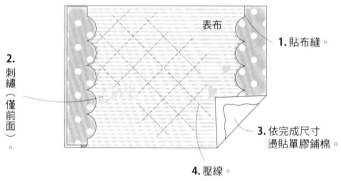

表布

1. 貼布縫。

2. 刺繡（僅前面）。

3. 依完成尺寸燙貼單膠鋪棉。

4. 壓線。

2 前袋布接縫拉鍊。

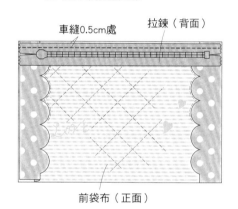

車縫0.5cm處

拉鍊（背面）

前袋布（正面）

3 後袋布接縫拉鍊。

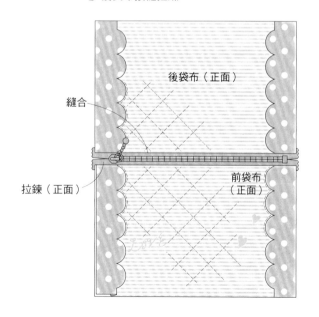

後袋布（正面）

縫合

拉鍊（正面）

前袋布（正面）

4 前後袋布重疊對齊，縫合四周。

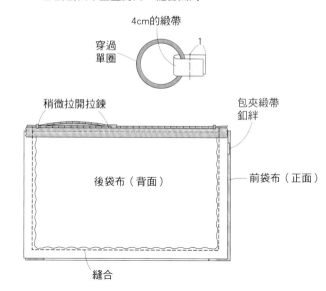

4cm的緞帶

穿過單圈

1

稍微拉開拉鍊

包夾緞帶釦絆

後袋布（背面）

前袋布（正面）

縫合

5 拼縫釦絆表布，燙貼鋪棉後進行壓線。
與裡布相疊縫合，翻至正面。

縫合

翻至正面

縫合

斜縫

6 縫合裡袋的脇邊。

摺疊縫份

縫合

裡袋（背面）

依完成尺寸
燙貼單膠鋪棉

裡袋底摺雙

壓線

表布（正面）

縫合

裡布（背面）

預留返口

表布（正面）

7 放入裡袋縫合固定，接縫釦絆。

袋布翻至正面，將裡袋放進袋布內縫合固定。

翻至正面，縫合返口

釦絆（正面）

表布

在正面
縫上鈕釦

釦絆
裡布

接縫釦絆

裡布（正面）

縫上暗釦

（凸）

（凹）

8 裝上吊飾繩。

❀ 完成！

11

17

將吊飾與吊飾繩
掛在單圈上

31

32

30

化妝台周邊小物

每天都能開心享受梳妝打扮的化妝台小物三件組。
洋溢少女氣息的各式配色，光是擺在房間裡就好 cute！

作法 ❀ 30…P.72
31…P.74
32…P.42

設計＆製作　指吸快子

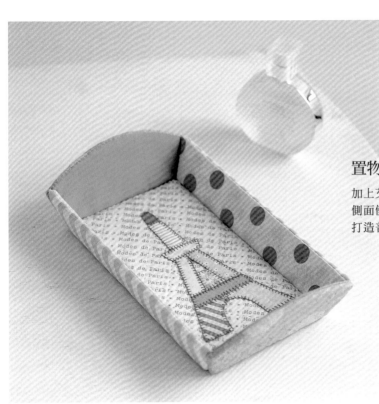

置物盤

加上艾菲爾鐵塔貼布縫的置物盤。
側面使用了圓點與條紋等印花布，
打造普普風。

袖珍包面紙套

剛好可放入袖珍包面紙的袋型
小布套。特地加上提帶設計，
方便掛起來使用。

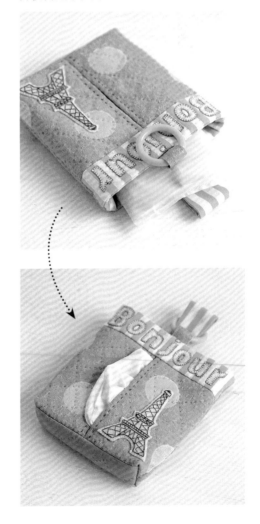

圓底束口袋

大開口的圓底束口袋。擁有扇貝形剪
接與毛球裝飾等，是講究細節、獨一
無二的設計。

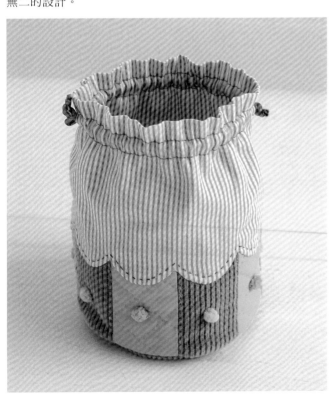

材料

- a 布（薄荷綠棉布）寬 30cm×10cm
- b 布（粉紅燈芯絨）寬 40cm×15cm
- c 布（直條紋棉布）寬 40cm×25cm
- 單膠鋪棉　寬 35cm×25cm
- 裡布（印花棉布）寬 35cm×25cm
- 毛球（直徑 0.6cm）粉紅 5 顆、綠色 4 顆
- 圓繩（粗 0.3cm）64cm
- 25 號繡線（粉紅）
- 厚紙　10×10cm

※除指定外，縫份皆為 1cm。

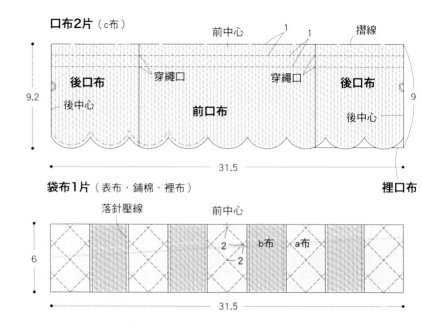

口布2片（c布）

前中心　1　　摺線

後口布　穿繩口　穿繩口　後口布

9.2　後中心　前口布　後中心　9

31.5

裡口布

袋布1片（表布・鋪棉・裡布）

落針壓線　前中心

6　　2　b布　a布　2

31.5

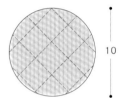

底1片
（b布・鋪棉）
裡底1片
（裡布・厚紙・鋪棉）

10

作法

1 依紙型裁剪後拼縫布片，製作表布，壓線後縫合脇邊。

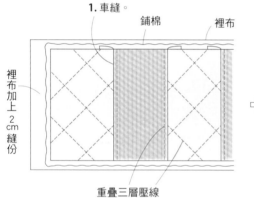

1. 車縫。

鋪棉　　裡布

裡布加上2cm縫份

重疊三層壓線

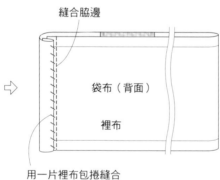

縫合脇邊

袋布（背面）

裡布

用一片裡布包捲縫合

2 袋底壓線後與袋布縫合。　　　　　**3** 將厚紙放進裡底，對齊袋布底縫合。

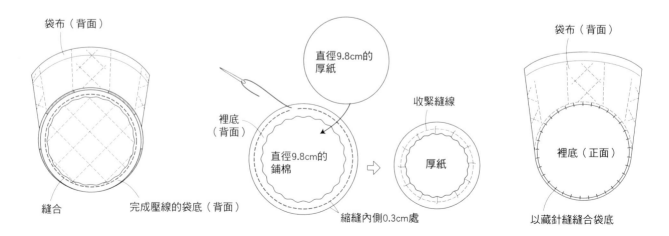

袋布（背面）

縫合　　完成壓線的袋底（背面）

裡底（背面）

直徑9.8cm的厚紙

直徑9.8cm的鋪棉

縮縫內側0.3cm處

收緊縫線

厚紙

袋布（背面）

裡底（正面）

以藏針縫縫合袋底

4 縫合口布脇邊。

裡後口布（正面）

裡前口布（背面）

9

摺線

預留穿繩口
＝
☆

☆

車縫

前口布（背面）

後口布（正面）

5 摺疊口布，車縫穿繩束口處。

放入裡前口布

車縫

☆   ☆

前口布（正面）

6 摺疊口布下緣，與袋布縫合。

前口布（正面）

縫份剪牙口

翻至正面

袋布
（正面）

對齊口布接縫處，摺疊縫份進行藏針縫。

7 摺疊裡口布的縫份，與袋布縫合。

裡前口布（正面）

翻至
背面

袋布（背面）

摺疊縫份進行藏針縫接合

8 圓繩穿入口布，縫上毛球。

穿入兩條圓繩

32

翻至
正面

前口布（正面）

刺繡   縫上毛球

🌸 **完成！**

14

直徑10

🌸 **原寸紙型**

前中心

摺雙

後中心

摺雙

穿繩口
＝
☆

☆

☆

口布接縫位置

☆

毛球位置

袋底

壓線

袋布
a布5片
b布4片

前口布

後口布

平針繡
（粉紅・2股線）

43

33

一拉開拉鍊……

超強收納針線包

沿著對角線縫上拉鍊的針線包，
一打開就變成完全敞開的平坦設計，十分有趣！
內側備有多個口袋，
能夠整齊收納線材與縫紉工具等。

作法 ❀ P.46

設計　瀧田裕子
製作　平山光子

呈現完全敞開的托盤狀！

打開後

線軸袋

位於兩側的線軸袋，一共六個。除了線軸外，
拿來放頂針之類的小工具也很不錯。

工具袋

一片布隔成三個口袋，適合擺放常用
工具，一目瞭然隨時都能快速拿取。

線軸放在口袋內，拉線時就不會滾來滾去。

附有提把，方便拎著走！

💠 **材料**

- 拼縫用布片（棉布）
    - a 布（粉紅幾何）寬 25cm×10cm
    - b 布（水藍花卉）寬 25cm×10cm
    - C 布（藍底大花）寬 15cm×15cm
    - d 布（灰底花卉）寬 25cm×15cm
    - e 布（紫底圓點）寬 15cm×15cm
    - f 布（紫底大圓點）寬 25cm×25cm
- g 布（提把用／紫紅棉布）寬 10cm×20cm
- 裡布（青色系棉布）寬 45cm×40cm
- 胚布　寬 45cm×50cm
- 鋪棉　寬 45cm×50cm
- 口袋用布（紫底圓點棉布）寬 55cm×20cm
- 蕾絲（彈力型／寬 10cm）30cm
- 拉鍊（50cm）1 條
- 鈕釦（直徑 2cm）2 顆

※除指定外，縫份皆為 1cm。

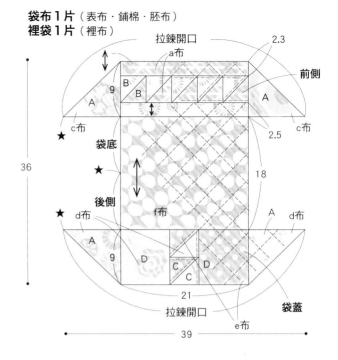

袋布1片（表布・鋪棉・胚布）
裡袋1片（裡布）

提把1條（g布2片・鋪棉1片）

💠 **作法**

1 裁剪後拼縫布片，製作表布。

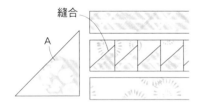

2 重疊表布、鋪棉與胚布，進行壓線。

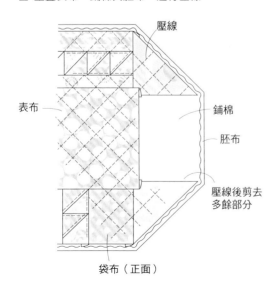

3 沿外圍接縫拉鍊，縫合袋底與側身。
在側身拉鍊的內側縫上蕾絲。

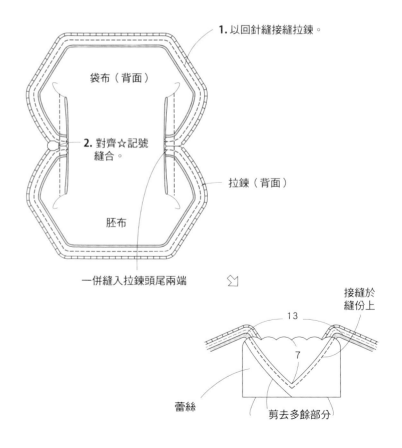

4 製作口袋。

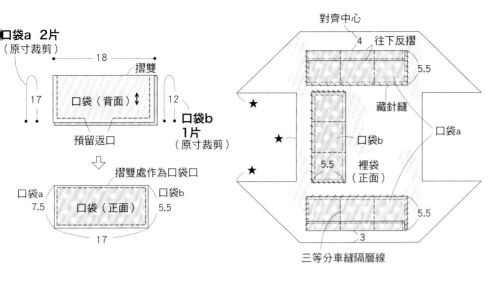

口袋a 2片
（原寸裁剪）

18

摺雙

17

口袋（背面）↕

12

口袋b
1片
（原寸裁剪）

預留返口

摺雙處作為口袋口

口袋a
7.5

口袋（正面）

口袋b
5.5

17

5 3片口袋布壓線後縫於裡袋上。

對齊中心

4　往下反摺

5.5

藏針縫

口袋a

口袋b

5.5

裡袋
（正面）

5.5

3

三等分車縫隔層線

6 裡袋的脇邊對齊縫合。

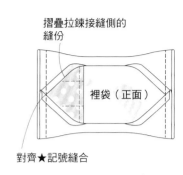

摺疊拉鍊接縫側的
縫份

裡袋（正面）

對齊★記號縫合

7 裡袋以藏針縫縫合於袋布背面。

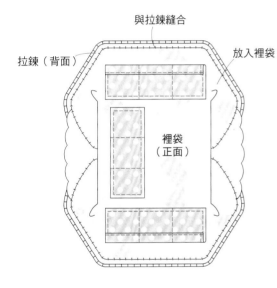

與拉鍊縫合

拉鍊（背面）

放入裡袋

裡袋
（正面）

8 製作提把，接縫於袋布的袋蓋上。

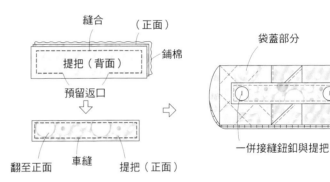

縫合　　（正面）

提把（背面）

鋪棉

預留返口

翻至正面　車縫　提把（正面）

袋蓋部分

一併接縫鈕釦與提把

🌿 完成！

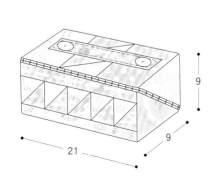

9

21

9

🌿 原寸紙型

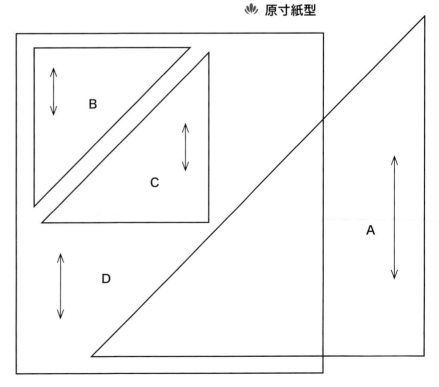

B

C

A

D

針插

不妨親自動手，製作布作時光不可或缺的針插吧！
34與35是拼縫出經典的拼布圖案，
36則是由8個部件組成的南瓜造形針插。
挑選喜歡的款式製作，使用時心裡都會覺得雀躍不已。

35

34

36

設計　吉田ひろみ
製作　34・35…椎野智子
　　　36…梅本富士子

原寸紙型　p.57

※縫份為 0.7cm。

❧ **材料**
- 拼縫用布片（棉布）
  - 紫色圖案／寬 10cm×10cm
  - 紫色素面／寬 10cm×10cm
  - 杏色圖案／寬 15cm×15cm
- 後片用布（紫色素面）寬 10cm×10cm
- 單膠鋪棉　寬 10cm×10cm
- 25 號繡線（紫色）
- 填充棉　適量

❧ **作法**

1 裁剪後拼縫布片。

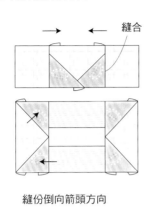

縫合

縫份倒向箭頭方向

2 進行壓線。

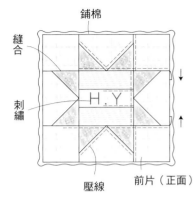

鋪棉
縫合
刺繡
H.Y
壓線
前片（正面）

3 與裡布正面相對疊合，縫合四周。

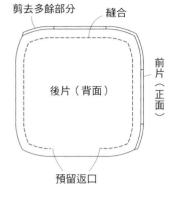

剪去多餘部分
縫合
後片（背面）
前片（正面）
預留返口

4 翻至正面，塞入棉花。

翻至正面　❧ **完成！**

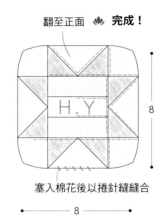

H.Y
8
塞入棉花後以捲針縫縫合
8

❧ **材料**
- 本體（印花棉布）8 種 各寬 10cm×10cm
- 蒂頭用布（綠色素面棉布）寬 10cm×10cm
- 鈕釦（直徑 1.3cm）1 顆
- 填充棉　適量

原寸紙型　p.57

※縫份除指定外，皆為 0.7cm。

❧ **作法**

1 本體兩片一組縫合後，每兩組重疊縫合。

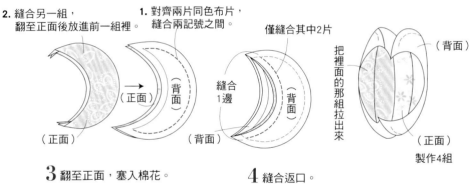

2. 縫合另一組，翻至正面後放進前一組裡。
（正面）
（背面）

1. 對齊兩片同色布片，縫合兩記號之間。
（背面）
縫合 1 邊

僅縫合其中 2 片
（背面）
（背面）

把裡面的那組拉出來
（背面）
（正面）
製作 4 組

2 ——接縫作好的兩組，共縫合 8 組。

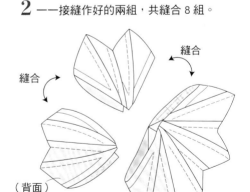

縫合
縫合
（背面）

3 翻至正面，塞入棉花。

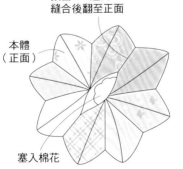

預留 4cm 返口
縫合後翻至正面
本體（正面）
塞入棉花

4 縫合返口。

以藏針縫縫合返口

5 縫製蒂頭，塞入棉花後收緊縫線，再接縫於本體。

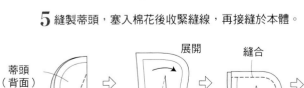

蒂頭（背面）
縫合
展開
（背面）
縫合
蒂頭（正面）
對摺
翻至正面，塞入棉花後收緊縫線

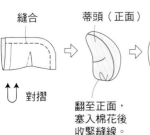

蒂頭
縫合
長針
於內部渡線
底部縫上鈕釦

❧ **完成！**

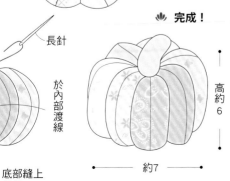

高約 6
約 7

由於加裝了掛環，
不用時可吊在掛勾上。

38

37

39

鍋墊

讓烹飪變得更有趣的多彩拼布鍋墊。
也可以當作鍋具握把的隔熱墊，
一物兩用的便利設計。

作法 ❀ P.67

設計＆製作　hari_to_ito

拼布胸針

拼縫各種印花圖案的零碼布，
再飾以串珠的華美胸針。
顯眼的存在感，
很適合作為簡約穿搭的亮點。

作法 ❀ P.76

設計&製作　瀧田裕子

41

40

42

44

43

45

鑰匙圈

只需組合零碼布就能簡單完成，
掌心大小的鑰匙圈。
隨機繡上的零星針目，
讓人充分感受手作專屬的溫暖。

作法 ❀ P.76

設計&製作　hari_to_ito

在市售布小物點綴貼布縫！

何不試著將剩餘的零碼布運用在貼布縫上，
為市售的簡單布包或手帕加上裝飾呢？
如果能夠活用可愛到捨不得扔的零星布片，
肯定會成為讓自己愛不釋手的單品！
例如設計成食物圖案的裝飾，
或是有效運用布料花樣作為視覺焦點……
請發揮個人創意放手製作吧！

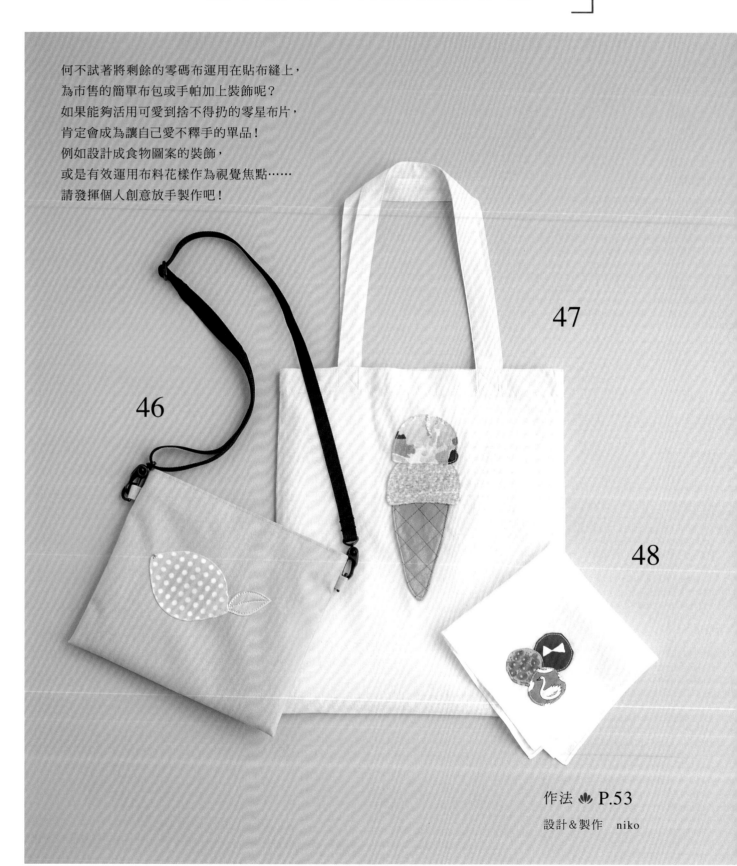

46

47

48

作法 🌸 P.53

設計＆製作　niko

47

材料

- 貼布縫用布（棉布）
  - 粉紅／寬 20cm×10cm
  - 綠色印花／寬 20cm×10cm
  - 淺褐／寬 20cm×15cm
- 接著襯　寬 20cm×30cm
- 市售布包

※縫份為 0.5cm。

作法

1 布片兩兩正面相對縫合後，翻至正面。

2 將布片拼縫於布包上。

原寸紙型　p.77

完成！

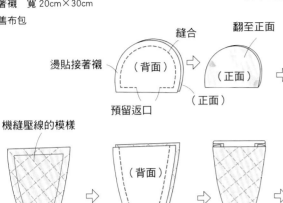

燙貼接著襯
縫合
翻至正面
（背面）
（正面）
（正面）
預留返口

機縫壓線的模樣
（背面）
（正面）
翻至正面
（正面）
背面燙貼接著襯
與另一片疊合車縫

稍稍重疊在上面車縫
車縫0.1cm處固定於布包上

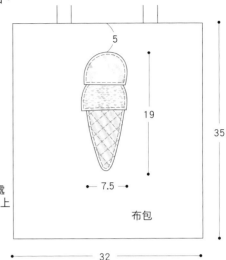

5
19
35
7.5
布包
32

46

材料

- 貼布縫用布（棉布）
  - 黃色／寬 20cm×10cm
  - 銀色合成皮／寬 5cm×5cm
- 接著襯　寬 20cm×10cm
- 25 號繡線（綠色）
- 市售小肩包

※縫份為 0.5cm。
※僅黃色布燙貼接著襯。

作法

1 兩片檸檬正面相對縫合，翻至正面。

2 縫至小肩包上。

原寸紙型　p.77

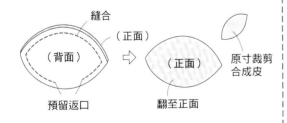

縫合
（正面）
（背面）
預留返口
（正面）
翻至正面
原寸裁剪合成皮

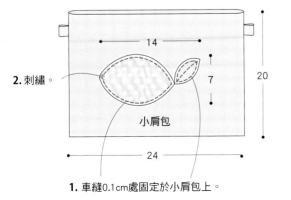

14
7
20
小肩包
24

2. 刺繡。
1. 車縫0.1cm處固定於小肩包上。

48

※縫份為 0.5cm。

材料

- 貼布縫用布（棉布）
  - 合計 寬 15cm×15cm
- 市售手帕

作法

1 將貼布縫用布縫成圓形。

2 縫至手帕上。

完成！

取出厚紙後置於手帕上，車縫0.1cm處固定
均衡配置
手帕
32
7
7
4
32

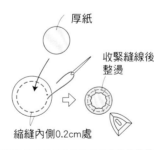

厚紙
收緊縫線後整燙
縮縫內側0.2cm處

原寸紙型　p.77

不易車縫時

先作好貼布縫，再藏針縫固定於小肩包上。

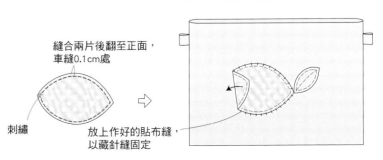

縫合兩片後翻至正面，車縫0.1cm處
刺繡
放上作好的貼布縫，以藏針縫固定

53

材料

- 拼縫用布片（各式棉布）合計寬 80cm×40cm
- 表布（格紋棉布）寬 55cm×20cm
- 單膠鋪棉　寬 85cm×25cm
- 胚布（素面白棉布）寬 85cm×25cm
- 裡布（粉紅圖案棉布）85cm×25cm
- 滾邊布（格紋棉布）寬 3.5cm×55cm 的斜布條
- 提把（織帶）寬 3cm×62cm

※除指定外，縫份皆為 1cm。

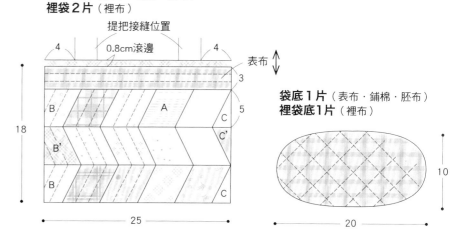

袋布2片（表布‧鋪棉‧胚布）
裡袋2片（裡布）

提把接縫位置
0.8cm滾邊
表布
4　　　　4
3
5
18
25

袋底1片（表布‧鋪棉‧胚布）
裡袋底1片（裡布）
10
20

作法

1 裁剪後拼縫各列布片。

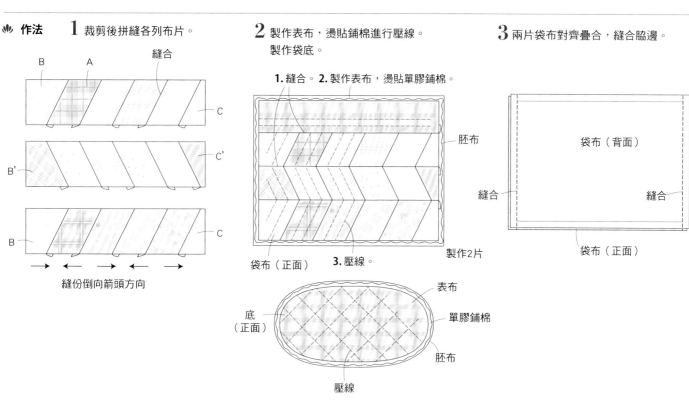

縫份倒向箭頭方向

2 製作表布，燙貼鋪棉進行壓線。
製作袋底。

1. 縫合。　2. 製作表布，燙貼單膠鋪棉。

胚布
袋布（正面）
3. 壓線。
製作2片

底（正面）
表布
單膠鋪棉
胚布
壓線

3 兩片袋布對齊疊合，縫合脇邊。

袋布（背面）
縫合　　　　縫合
袋布（正面）

4 縫合袋布與袋底。

5 縫合裡袋與裡袋底。

6 將裡袋放入袋布內，縫合袋口。

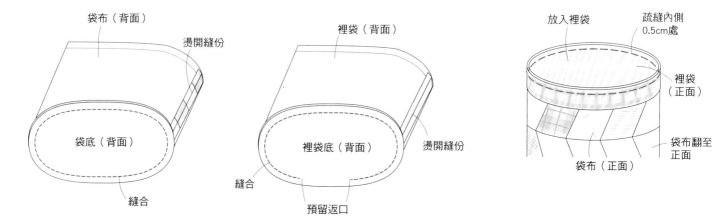

袋布（背面）
燙開縫份
袋底（背面）
縫合

裡袋（背面）
燙開縫份
裡袋底（背面）
縫合
預留返口

放入裡袋
疏縫內側 0.5cm處
裡袋（正面）
袋布翻至正面
袋布（正面）

7 袋口接縫斜紋布，進行滾邊。

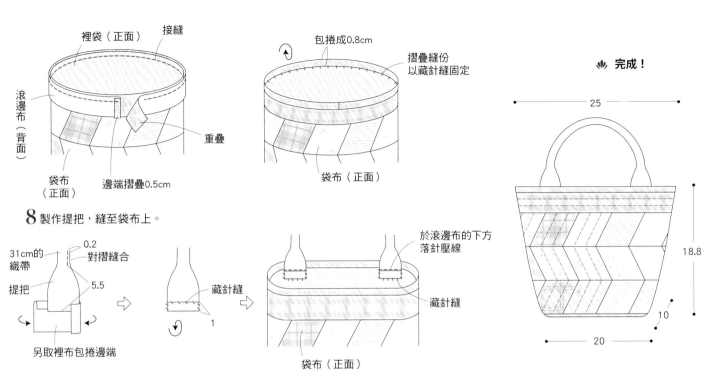

裡袋（正面）　接縫

滾邊布（背面）

袋布（正面）

邊端摺疊0.5cm

重疊

包捲成0.8cm

摺疊縫份
以藏針縫固定

袋布（正面）

🌸 完成！

25

18.8

20

10

8 製作提把，縫至袋布上。

31cm的織帶

0.2

對摺縫合

5.5

提把

另取裡布包捲邊端

藏針縫

1

於滾邊布的下方
落針壓線

藏針縫

袋布（正面）

※B'與C'是將紙型翻面顛倒使用。

🌸 原寸紙型

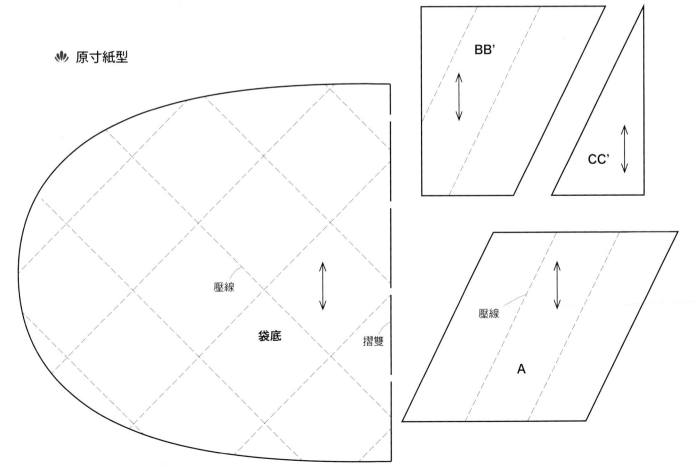

BB'

CC'

壓線

袋底

摺雙

壓線

A

❧ 材料

- 貼布縫用布（粉紅棉布）寬 15cm×10cm
- 拼縫用布片（灰色棉布）寬 40cm×25cm
　　　　　（紅褐格紋棉布）寬 25cm×15cm
- 貼布縫台布、包釦用布
　　　　　（印花棉布）合計寬 35cm×35cm
- 表布（杏色格紋棉布）寬 30cm×10cm
- 單膠鋪棉　寬 60cm×25cm
- 裡布（藍色印花棉布）寬 60cm×25cm

※除指定外，縫份皆為 0.8cm。

- 拉鍊（25cm）1 條
- D 型環（內尺寸 1cm）2 個
- 背帶 1 條
- 包釦芯（直徑 3cm）2 顆
- 5 號繡線（杏色）

袋布2片（表布・鋪棉・裡布）

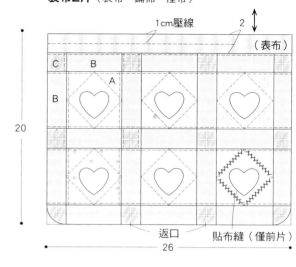

1cm壓線　　2
C　B　（表布）
B　A
20
返口　　貼布縫（僅前片）
26

❧ 作法

1 裁剪拼縫布片，製作表布。

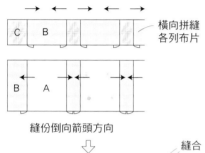

C　B　　橫向拼縫各列布片
B　A
縫份倒向箭頭方向

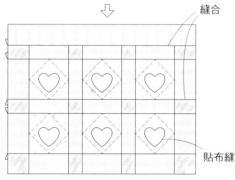

縫合
貼布縫

2 重疊表布、鋪棉與裡布，縫合四周。

2. 修剪縫份的鋪棉。

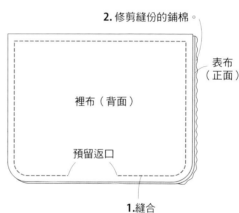

表布（正面）
裡布（背面）
預留返口
1.縫合

3 翻至正面，進行壓線。

1. 翻至正面，
熨貼單膠鋪棉後進行壓線。

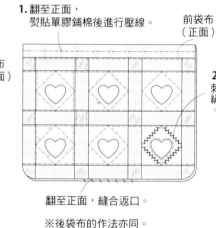

前袋布（正面）
2. 刺繡。
翻至正面，縫合返口。
※後袋布的作法亦同。

❧ 原寸紙型

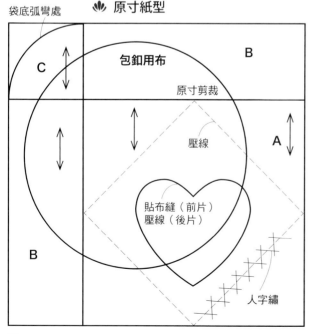

袋底弧彎處
C
B
包釦用布
原寸剪裁
壓線
A
B
貼布縫（前片）
壓線（後片）
人字繡

4 袋布接縫拉鍊。

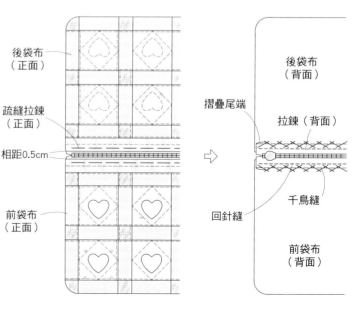

後袋布（正面）
疏縫拉鍊（正面）
相距0.5cm
前袋布（正面）

後袋布（背面）
摺疊尾端
拉鍊（背面）
回針縫　千鳥縫
前袋布（背面）

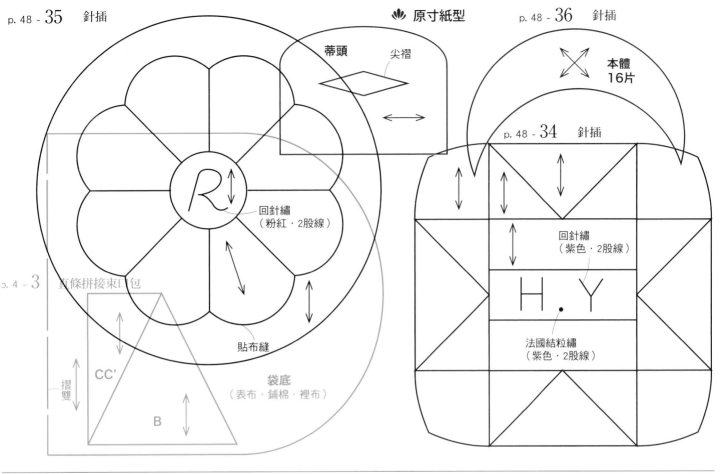

蒂頭　　　尖褶

本體
16片

p. 48 - 34　針插

回針繡
（粉紅・2股線）

回針繡
（紫色・2股線）

H.Y

p. 4 - 3　直條拼接束口包

貼布縫

法國結粒繡
（紫色・2股線）

摺雙

CC'

B

袋底
（表布・鋪棉・裡布）

---

5 以捲針縫縫合袋布四周。

6 製作吊耳，穿入 D 型環後接縫於袋布上。

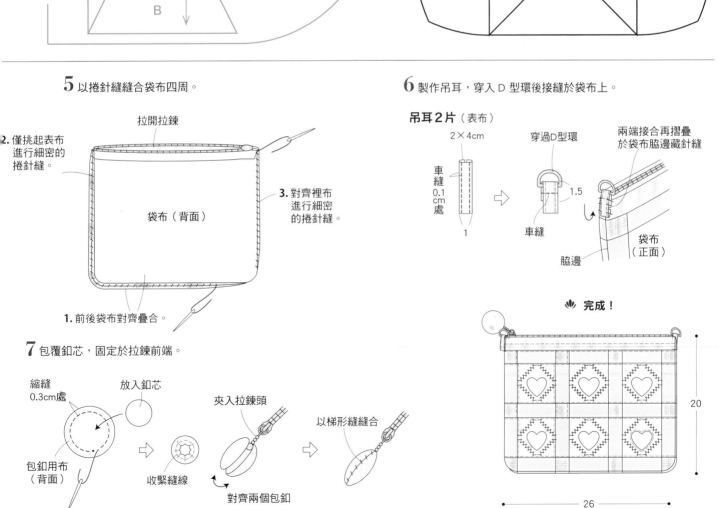

拉開拉鍊

2. 僅挑起表布
進行細密的
捲針縫。

3. 對齊裡布
進行細密
的捲針縫。

袋布（背面）

1. 前後袋布對齊疊合。

吊耳 2 片（表布）

2×4cm

車縫
0.1
cm
處

1

穿過D型環

車縫

1.5

兩端接合再摺疊
於袋布脇邊藏針縫

脇邊

袋布
（正面）

7 包覆釦芯，固定於拉鍊前端。

縮縫
0.3cm處

放入釦芯

夾入拉鍊頭

以梯形縫縫合

包釦用布
（背面）

收緊縫線

對齊兩個包釦

🌸 完成！

20

26

袋布2片（表布・單膠鋪棉・胚布）
裡袋2片（裡布）

貼邊2片（表布・接著襯）

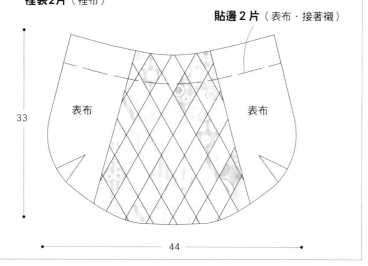

33

44

作法

1 裁剪拼布片，拼縫後依紙型畫線裁剪。

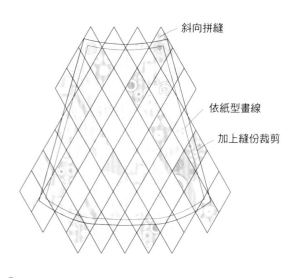

斜向拼縫

依紙型畫線

加上縫份裁剪

2 縫合兩側表布後燙貼鋪棉，與胚布重疊進行壓線。

壓線

表布

單膠鋪棉

袋布
（正面）

胚布

縫合

3 車縫尖褶，兩片袋布對齊後縫合。

袋布（正面）

袋布（背面）

胚布

車縫尖褶

縫合

4 接縫貼邊的脇邊。對齊袋布後縫合。

燙貼接著襯

貼邊（背面）
（正面）

縫合

燙開
縫份

縫合

貼邊
（背面）

翻至正面

袋布
（正面）

5 接縫提把，以藏針縫固定貼邊。

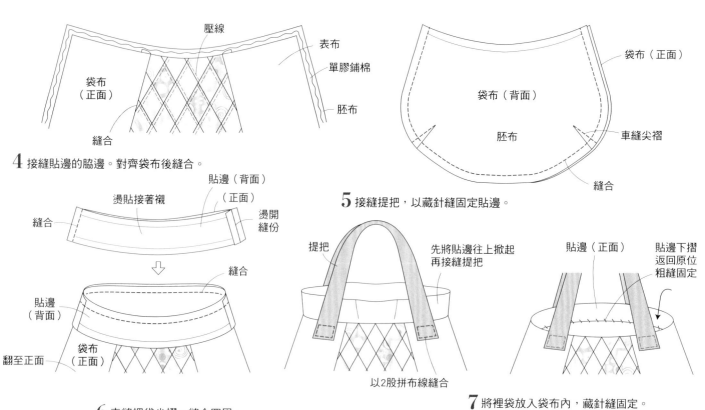

提把

先將貼邊往上掀起
再接縫提把

以2股拼布線縫合

貼邊（正面）

貼邊下摺
返回原位
粗縫固定

6 車縫裡袋尖褶，縫合四周。

裡袋（正面）

裡袋（背面）

車縫尖褶

縫合

7 將裡袋放入袋布內，藏針縫固定。

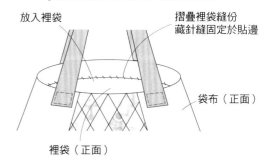

放入裡袋

摺疊裡袋縫份
藏針縫固定於貼邊

袋布（正面）

裡袋（正面）

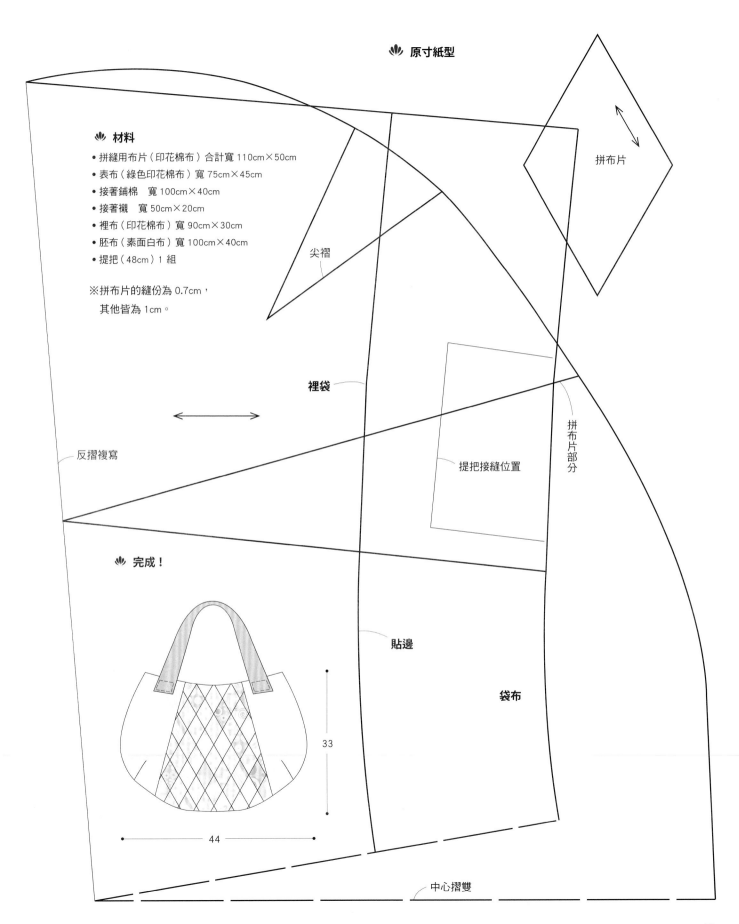

❀ 原寸紙型

❀ 材料

- 拼縫用布片（印花棉布）合計寬 110cm×50cm
- 表布（綠色印花棉布）寬 75cm×45cm
- 接著鋪棉　寬 100cm×40cm
- 接著襯　寬 50cm×20cm
- 裡布（印花棉布）寬 90cm×30cm
- 胚布（素面白布）寬 100cm×40cm
- 提把（48cm）1 組

※拼布片的縫份為 0.7cm，
　其他皆為 1cm。

拼布片

尖摺

裡袋

反摺複寫

提把接縫位置

拼布片部分

❀ 完成！

貼邊

袋布

33

44

中心摺雙

材料

- 袋布（棉布、亞麻）合計寬 110cm×40cm
- 裡布（白色亞麻）寬 105cm×35cm
- 布標用布（白色棉布）寬 8cm×8cm
- 25 號繡線（黑色）

無原寸紙型

※布紋皆為直布紋。
※除指定外，縫份皆為 1cm。

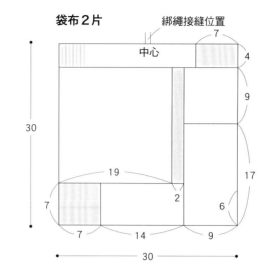

袋布 2 片　　綁繩接縫位置

中心

30

19
2
7
7　14　9
30

17
6

7
4
9

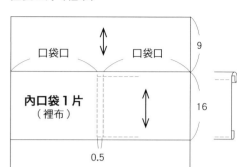

裡袋 2 片（裡布）

口袋口　　口袋口

內口袋 1 片
（裡布）

9

16

0.5

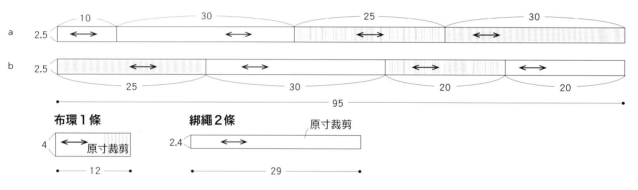

背帶 1 條

a
2.5
10　　30　　25　　30

b
2.5
25　　30　　20　　20
95

布環 1 條

4　原寸裁剪
12

綁繩 2 條

原寸裁剪

2.4
29

作法

1 拼縫袋布各區塊。

2 接縫所有區塊完成袋布。製作布標，縫至袋布上。

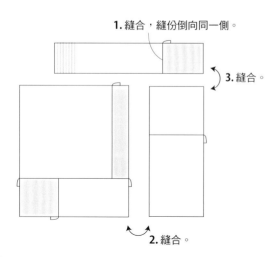

1. 縫合，縫份倒向同一側。

3. 縫合。

2. 縫合。

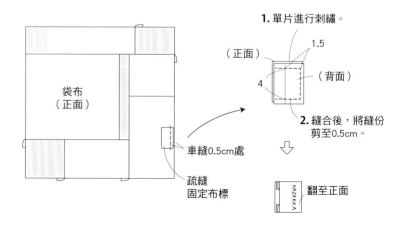

袋布
（正面）

車縫0.5cm處

疏縫
固定布標

1. 單片進行刺繡。

1.5

（正面）

（背面）

4

2. 縫合後，將縫份
剪至0.5cm。

翻至正面

3 兩片袋布對齊疊合，縫合四周。

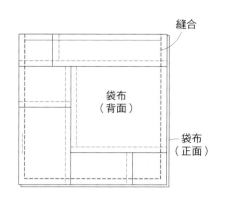

縫合

袋布
（背面）

袋布
（正面）

4 製作布環與綁繩。

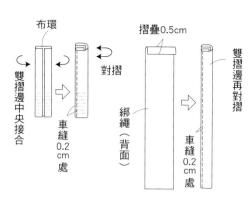

布環

雙摺邊中央接合

對摺

車縫0.2cm處

摺疊0.5cm

綁繩（背面）

雙摺邊再對摺

車縫0.2cm處

5 將布環與綁繩縫至袋布上。

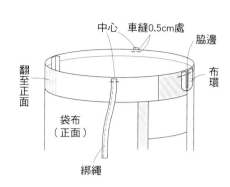

中心　車縫0.5cm處

脇邊

翻至正面

布環

袋布
（正面）

綁繩

6 車縫內口袋的口袋口，再將口袋縫至裡袋上。

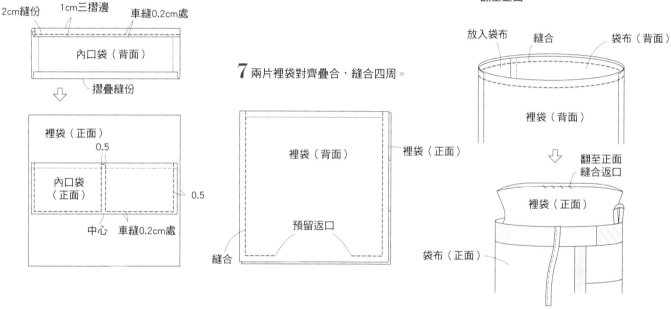

2cm縫份　　1cm三摺邊　　車縫0.2cm處

內口袋（背面）

摺疊縫份

裡袋（正面）

0.5

內口袋
（正面）

0.5

中心　車縫0.2cm處

7 兩片裡袋對齊疊合，縫合四周。

裡袋（背面）

裡袋（正面）

預留返口

縫合

8 將袋布放入裡袋內，縫合袋口，翻至正面。

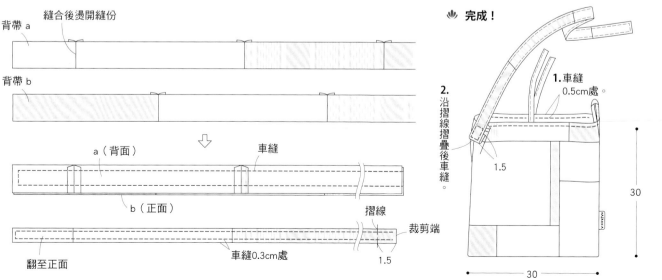

放入袋布　　縫合　　袋布（背面）

裡袋（背面）

翻至正面
縫合返口

裡袋（正面）

袋布（正面）

9 縫製背帶，兩片相疊縫合四周，翻至正面。

背帶 a

縫合後燙開縫份

背帶 b

a（背面）　　　　車縫

b（正面）

摺線

裁剪端

翻至正面

車縫0.3cm處

1.5

10 將背帶接縫於袋布。

✿ **完成！**

1.車縫0.5cm處。

2.沿摺線摺疊後車縫。

1.5

30

30

作法　1 前袋布進行貼布縫，與另一片表布及鋪棉重疊後縫合。

材料

- 表布（杏色段染棉布）寬 85cm×30cm
- 貼布縫用布（茶色素面棉布）寬 15cm×10cm
   （紅底圓點棉布）寬 10cm×5cm
   （白色素面棉布）少許
- 鋪棉　寬 40cm×30cm
- 拉鍊（20cm）1 條
- 25 號繡線（焦茶、紅色、淺粉紅）

※縫份為 0.7cm。

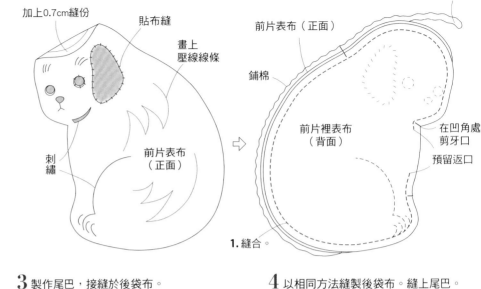

2. 修剪鋪棉的縫份。
前片表布（正面）
鋪棉
前片裡表布（背面）
在凹角處剪牙口
預留返口
1. 縫合。

加上0.7cm縫份
貼布縫
畫上壓線線條
前片表布（正面）
刺繡

2 翻至正面，進行壓線。

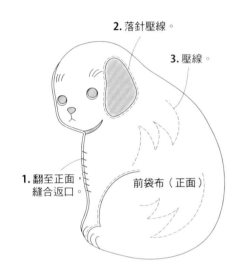

2. 落針壓線。
3. 壓線。
1. 翻至正面，縫合返口。
前袋布（正面）

3 製作尾巴，接縫於後袋布。

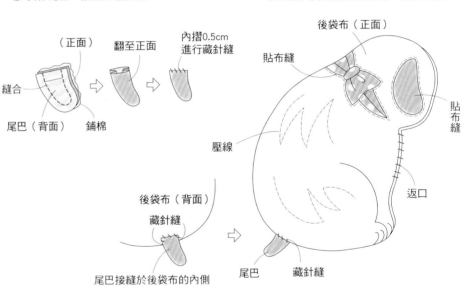

（正面）
翻至正面
內摺0.5cm進行藏針縫
縫合
尾巴（背面）　鋪棉

後袋布（背面）
藏針縫
尾巴接縫於後袋布的內側

4 以相同方法縫製後袋布。縫上尾巴。

後袋布（正面）
貼布縫
貼布縫
壓線
返口
尾巴　藏針縫

5 袋布接縫拉鍊，四周進行藏針縫。

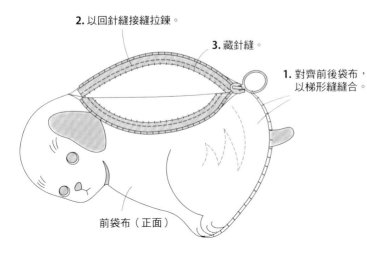

2. 以回針縫接縫拉鍊。
3. 藏針縫。
1. 對齊前後袋布，以梯形縫縫合。
前袋布（正面）

完成！

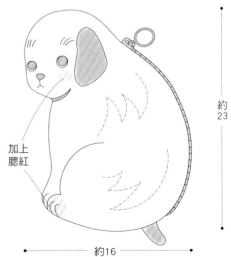

加上腮紅
約23
約16

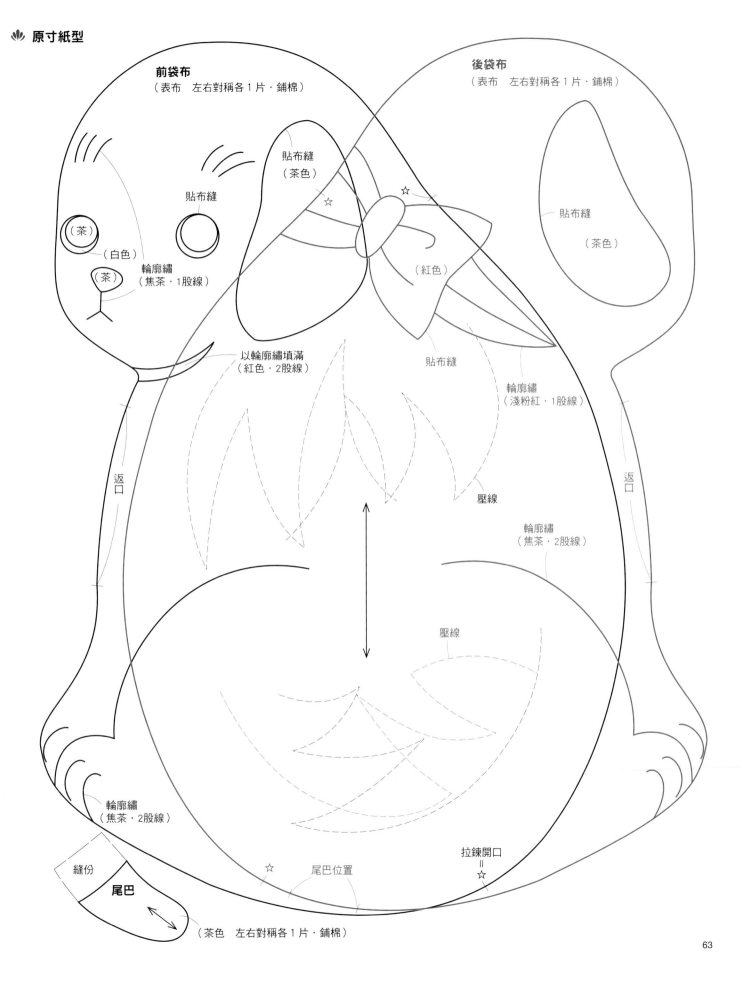

前袋布
（表布　左右對稱各1片・鋪棉）

後袋布
（表布　左右對稱各1片・鋪棉）

貼布縫
（茶色）

貼布縫

（茶）

（白色）

（茶）

輪廓繡
（焦茶・1股線）

貼布縫
（茶色）

貼布縫

（紅色）

貼布縫

輪廓繡
（淺粉紅・1股線）

以輪廓繡填滿
（紅色・2股線）

返口

返口

壓線

壓線

輪廓繡
（焦茶・2股線）

輪廓繡
（焦茶・2股線）

縫份

尾巴

☆

尾巴位置

拉鍊開口
＝＝
☆

（茶色　左右對稱各1片・鋪棉）

材料

- 表布（杏色圖案布）寬 65cm×20cm
- 貼布縫用布（黑色素面棉布）15cm×10cm
- 裡布（印花棉布）寬 65cm×20cm
- 鋪棉　寬 65cm×20cm
- 拉鍊（25cm）1 條
- 25 號繡線（焦茶）

※縫份為 0.7cm。
※詳細作法參考 P.62。

作法

1 表布進行貼布縫，縫合四周後翻至正面。

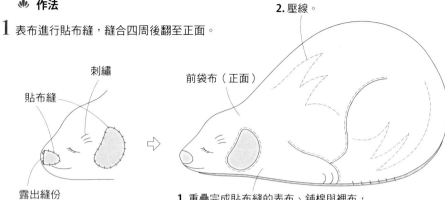

刺繡
貼布縫
露出縫份

2.壓線。
前袋布（正面）

1.重疊完成貼布縫的表布、鋪棉與裡布，
縫合四周後翻至正面。

2 左右對稱再做一片，縫上尾巴。

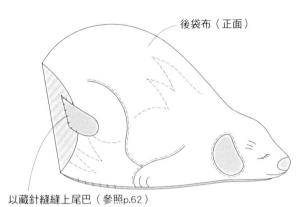

後袋布（正面）

以藏針縫縫上尾巴（參照p.62）

3 對齊兩片袋布縫合，接縫拉鍊。

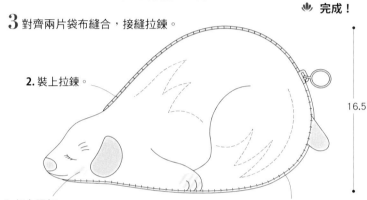

2.裝上拉鍊。

3.加上腮紅。

1.對齊前後袋布，以梯形縫縫合。

完成！

16.5

約27

布包材料

- 表布（黑色厚棉布）寬 70cm×50cm
- 裡布（印花棉布）寬 90cm×40cm
- 提把（織帶）寬 3cm×76cm
※使用市售彈簧扣將波奇包掛至布包上。

袋布 2 片（表布）

提把接縫位置
7.5
37
31

裡袋 2 片（裡布）
貼邊 2 片（表布）

5
6
摺雙
18
返口
18
返口

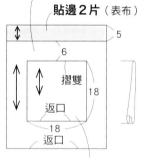

內口袋 1 片（裡布）

作法

1 縫合袋布，接縫提把。

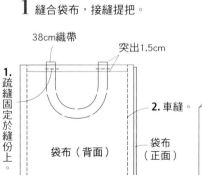

38cm織帶
突出1.5cm

1.疏縫固定於縫份上。

2.車縫。

袋布（背面）
袋布（正面）

2 縫合裡袋。

1.縫合貼邊。

2.車縫。

內口袋

裡袋（正面）

2.車縫0.3cm處。

3.口袋縫合四周後翻至正面，再接縫於裡袋上。

4.裡袋正面相對對齊，縫四周（預留返口）。

3 縫合袋布與裡袋。

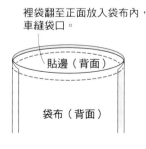

裡袋翻至正面放入袋布內，車縫袋口。

貼邊（背面）

袋布（背面）

完成！

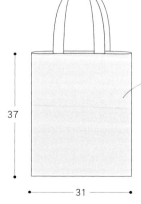

從返口翻回正面後，藏針縫縫合返口。

37
31

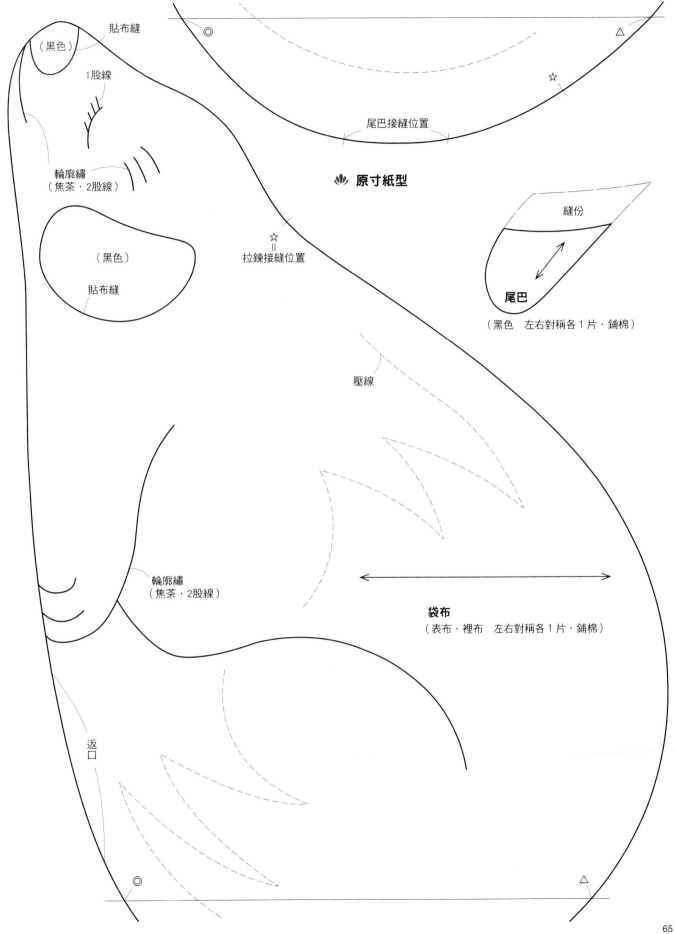

貼布縫
（黑色）

1股線

輪廓繡
（焦茶・2股線）

（黑色）

貼布縫

尾巴接縫位置

☆ 原寸紙型

☆
＝
拉鍊接縫位置

縫份

尾巴
（黑色　左右對稱各1片・鋪棉）

壓線

輪廓繡
（焦茶・2股線）

袋布
（表布・裡布　左右對稱各1片・鋪棉）

返口

材料（25）

- 袋布（紅色棉布）寬 7cm×27cm
  （藏青棉布）寬 12cm×27cm
- 貼布縫用布（土黃棉布）寬 8cm×9cm
- 鋪棉　寬 18cm×27cm
- 裡布（藍色棉布）寬 18cm×27cm
- 口金（寬 10cm、高 5cm）1 個
- 刺子繡線（白色）

材料（26）

- 袋布（藍色棉布）寬 18cm×27cm
- 貼布縫用布（藏青棉布）寬 4cm×27cm
- 貼布縫用布（土黃棉布）寬 7cm×3cm
- 鋪棉　寬 18cm×27cm
- 裡布（藍色棉布）寬 18cm×27cm
- 口金（寬 10cm、高 5cm）1 個
- 刺子繡線（白色、茶色）

※除指定外，縫份皆為 1cm。

作法　1 製作袋布，進行貼布縫。

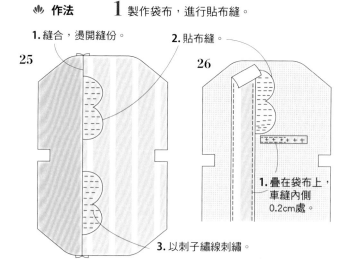

1. 縫合，燙開縫份。
2. 貼布縫。

25

26

1. 疊在袋布上，車縫內側 0.2cm 處。

3. 以刺子繡線刺繡。

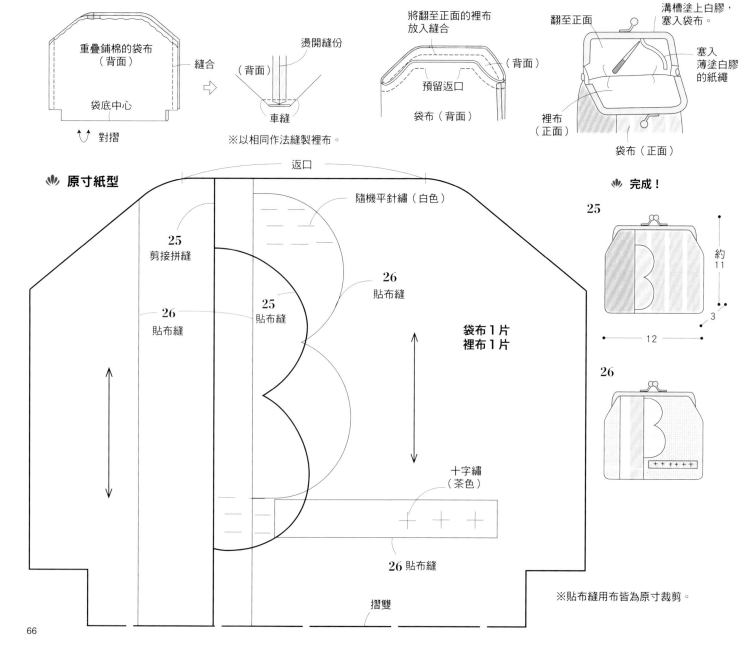

2 疊合鋪棉後縫合脇邊，縫製側身。

重疊鋪棉的袋布（背面）
縫合
袋底中心
對摺
燙開縫份
（背面）
車縫
※以相同作法縫製裡布。

3 對齊袋布與裡布，縫合袋口。

將翻至正面的裡布放入縫合
（背面）
預留返口
袋布（背面）

4 翻至正面，安裝口金。

翻至正面
溝槽塗上白膠，塞入袋布。
塞入薄塗白膠的紙繩
裡布（正面）
袋布（正面）

原寸紙型

返口
隨機平針繡（白色）
25 剪接拼縫
26 貼布縫
25 貼布縫
26 貼布縫
25 貼布縫
袋布 1 片
裡布 1 片
十字繡（茶色）
26 貼布縫
摺雙

完成！

25

約 11
3
12

26

※貼布縫用布皆為原寸裁剪。

p. 26 - **17**　餐墊

材料

- 本體（棉布）
  - 藍底圓點／寬 29cm×22cm
  - 條紋／寬 29cm×12cm
  - 印花／寬 15cm×32cm
  - 花卉圖案／寬 29cm×32cm
  - 格紋／寬 15cm×32cm

  ※縫份為 1cm。

無原寸紙型

本體1片　　　　　　裡本體1片

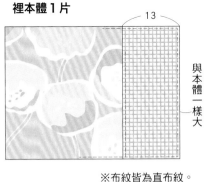

※布紋皆為直布紋。

作法

1 裁剪拼縫本體與裡本體的布片。　　　　**2** 翻至正面。　　　### 完成！

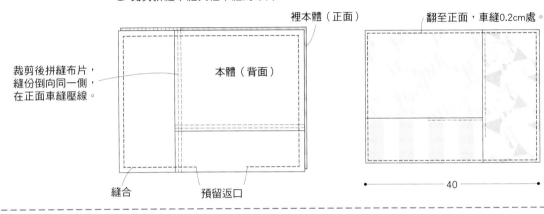

裁剪後拼縫布片，縫份倒向同一側，在正面車縫壓線。

本體（背面）

裡本體（正面）

縫合　　　預留返口

翻至正面，車縫0.2cm處。

---

p. 50 - **37～39**　鍋墊

材料（37）・（39）

- 前片（棉布・亞麻）
  - 芥末色（37）・格紋（39）／寬 10cm×10cm
  - 紫色（37）・亞麻（39）／寬 10cm×10cm
  - 直條紋（37）・綠色（39）／寬 10cm×20cm
- 後片（亞麻）寬 20cm×20cm
- 鋪棉　寬 35cm×20cm
- 繩子（粗 0.2cm）15cm
- 25 號繡線　綠色（37）・紅色（39）

材料（38）

- 前片（棉布・亞麻）
  - 紅色／寬 10cm×20cm
  - 圓點／寬 10cm×20cm
  - 亞麻／寬 5cm×20cm
- 後片（亞麻）寬 20cm×20cm
- 鋪棉　寬 35cm×20cm
- 繩子（粗 0.2cm）15cm
- 25 號繡線　紫色

※除指定外，縫份皆為 1cm。

無原寸紙型

本體1片（前片・鋪棉2片・後片）　※布紋皆為直布紋。

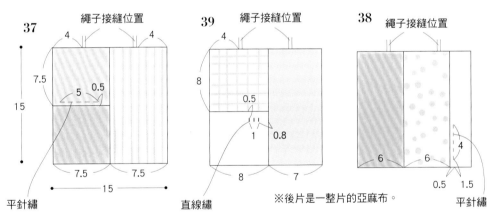

平針繡　　　直線繡　　　※後片是一整片的亞麻布。　　平針繡

作法

1 裁剪拼縫前片，與後片及鋪棉重疊縫合。　　　**2** 翻至正面。

完成！

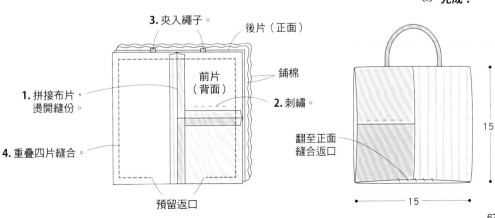

3. 夾入繩子。　　後片（正面）

1.拼接布片，燙開縫份。

前片（背面）　　鋪棉

2.刺繡。

4.重疊四片縫合。

預留返口

翻至正面縫合返口

🌸 材料

- a 布（橫條紋棉布）寬 25cm×10cm
- b 布（粉紅燈芯絨）寬 15cm×15cm
- 拼縫用布片・吊耳（綠底圓點棉布）寬 25cm×15cm
- 拼縫用布片（條紋棉布）寬 20cm×15cm
- 鋪棉　寬 15cm×25cm
- 單膠鋪棉　寬 4cm×15cm
- 裡布（白底圓點棉布）寬 20cm×25cm
- 蝴蝶結用布（粉底圓點棉布）寬 20cm×10cm
- 滾邊布（綠底圓點棉布）
　　　　　寬 3.5cm×55cm 的斜布條
- 拉鍊（16cm）1 條
- 單圈（直徑 3.5cm）1 個

※除指定外，縫份皆為 0.7cm。

提把 1 片
（b布・單膠鋪棉・裡布）

袋布 1 片（表布・鋪棉・裡布）
0.7cm滾邊
a布
b布
22
12.5

蝴蝶結 1 片
6　14

固定布 1 片
5　3

吊耳 1 片
5　6
原寸裁剪

🌸 作法

1 裁剪拼縫布片，縫合 a 布與 b 布製作表布，
再重疊鋪棉及裡布進行壓線。

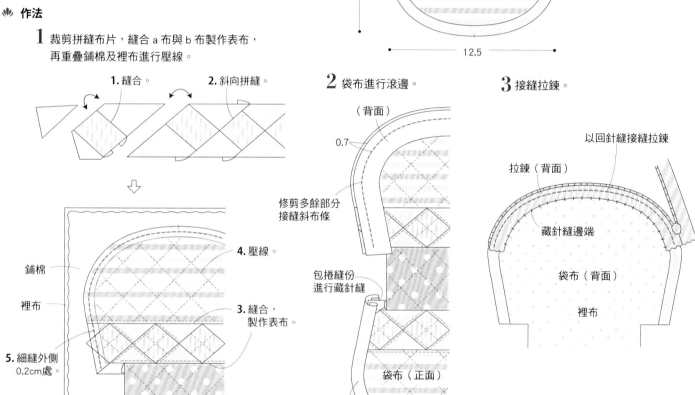

1. 縫合。　　**2.** 斜向拼縫。

鋪棉
裡布
4. 壓線。
3. 縫合，製作表布。
5. 細縫外側 0.2cm處。

2 袋布進行滾邊。

（背面）
0.7
修剪多餘部分接縫斜布條
包捲縫份進行藏針縫
袋布（正面）
滾邊（正面）

3 接縫拉鍊。

以回針縫接縫拉鍊
拉鍊（背面）
藏針縫邊端
袋布（背面）
裡布

4 製作吊耳，接縫於袋底。

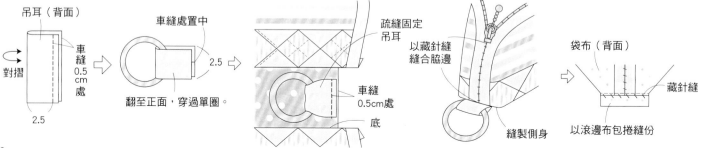

吊耳（背面）
對摺
車縫 0.5cm 處
2.5　2.5
車縫處置中
翻至正面，穿過單圈。
2.5
疏縫固定吊耳
車縫 0.5cm 處
底

5 縫合脇邊，縫製側身。

以藏針縫縫合脇邊
袋布（背面）
藏針縫
縫製側身
以滾邊布包捲縫份

6 提把燙貼鋪棉，與裡布縫合後翻至正面。

b布（背面）

燙貼單膠鋪棉（僅b布）

裡布
（正面）

縫合

↓

修剪成0.5cm

提把
（背面）

剪牙口

翻至正面

壓線　　提把（正面）

7 提把穿過單圈，縫合固定。

吊耳上的單圈

穿過單圈
正面相對縫合

翻至正面縫合邊端

9 縫上蝴蝶結。

🌸 **完成！**

約12.5

約9

4

8 製作蝴蝶結，中央以固定布捲起束緊。

車縫0.5cm處

蝴蝶結
（背面）

翻至正面，摺疊兩側。

蝴蝶結（正面）

於中心重疊車縫

往中心接合

固定布（正面）

以固定布束緊

🌸 **原寸紙型**

滾邊

袋布

壓線

a布

開口止點

開口止點

摺雙　**提把**　b布

中心

袋底

b布

吊耳接縫位置

🌸 材料

- 袋布（粉紅大圓點棉布）寬 40cm×15cm
- 口布（粉紅極細燈芯絨）寬 15cm×15cm
- 拼縫用布片（直條紋棉布）寬 20cm×15cm
- 拼縫用布片（粉底圓點燈芯絨）寬 25cm×15cm
- 貼布縫用布（白底圓點棉布）寬 15cm×15cm
- 單膠鋪棉　寬 40cm×15cm
- 裡布（白底圓點棉布）寬 40cm×15cm
- 織帶（提把用／寬 0.5cm）38cm
- 彈片口金（寬 12cm）1 個
- 毛球花邊（寬 0.5cm）40cm
- 25 號繡線（薄荷綠‧粉紅）
- 市售蝴蝶結（寬 3.5cm）4 個

☆＝口金穿入口

※後袋布為無剪接、
無貼布縫的一片布。

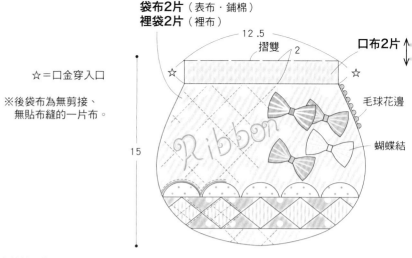

袋布2片（表布‧鋪棉）
裡袋2片（裡布）
口布2片 ↕

12 .5　摺雙　2
毛球花邊
蝴蝶結
15
17

※袋布、裡袋與口布的縫份為 1cm。

🌸 作法

1 縫製袋布表布，燙貼鋪棉後壓線。　　**2** 前後袋布對齊，縫合四周。　　**3** 製作口布，接縫於袋布。

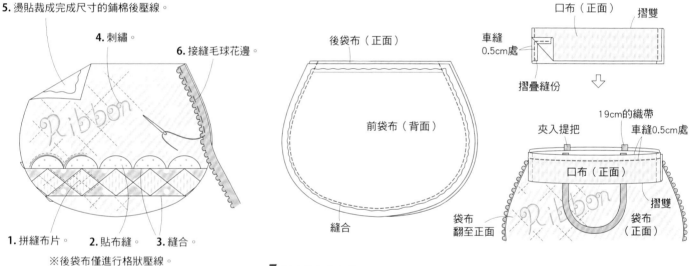

5. 燙貼裁成完成尺寸的鋪棉後壓線。
4. 刺繡。
6. 接縫毛球花邊。

1. 拼縫布片。　2. 貼布縫。　3. 縫合。
※後袋布僅進行格狀壓線。

後袋布（正面）
前袋布（背面）
縫合

口布（正面）　摺雙
車縫0.5cm處
摺疊縫份

19cm的織帶
夾入提把　車縫0.5cm處
口布（正面）
袋布翻至正面　摺雙　袋布（正面）

4 縫合裡袋四周。　　**5** 對齊袋布與裡袋布，縫合袋口後翻至正面。　　**6** 安裝口金。

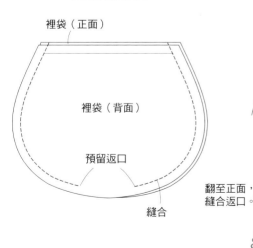

裡袋（正面）
裡袋（背面）
預留返口
縫合

1. 放入袋布（背面）。
2. 縫合。
裡袋（背面）
口布（正面）
翻至正面，縫合返口。
袋布（正面）

穿入彈片口金

🌸 **完成！**

適當配置的縫上蝴蝶結

15
17

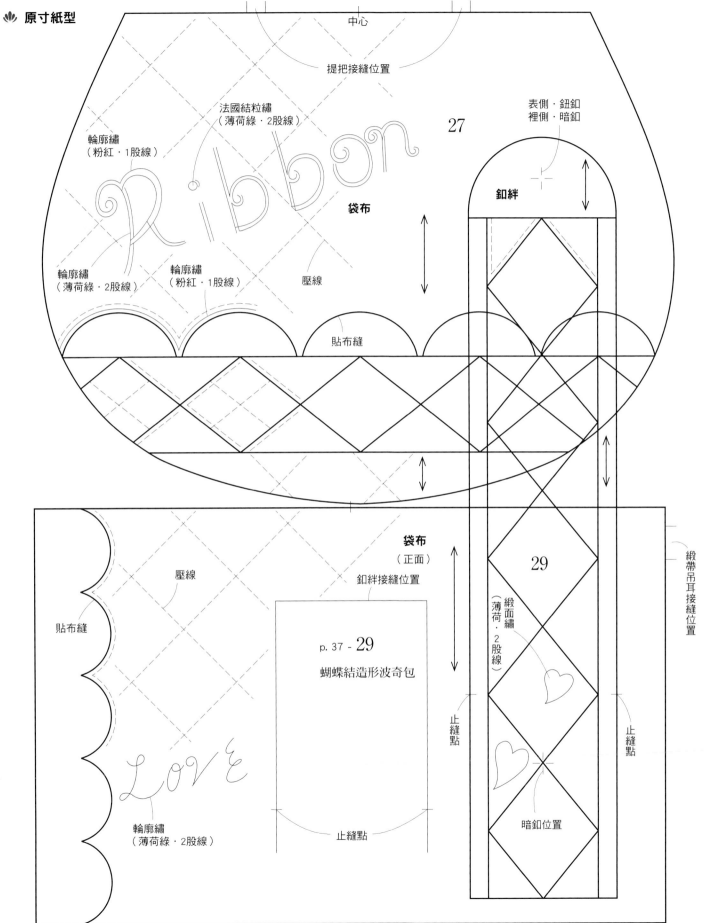

中心

提把接縫位置

法國結粒繡
（薄荷綠・2股線）

輪廓繡
（粉紅・1股線）

27

表側・鈕釦
裡側・暗釦

袋布

釦絆

輪廓繡
（薄荷綠・2股線）

輪廓繡
（粉紅・1股線）

壓線

貼布縫

壓線

袋布
（正面）

釦絆接縫位置

緞帶吊耳接縫位置

貼布縫

p. 37 - 29

蝴蝶結造形波奇包

29

緞面繡
（薄荷・2股線）

止縫點

止縫點

輪廓繡
（薄荷綠・2股線）

止縫點

暗釦位置

止縫點

❦ 材料

- 底布（白底印花棉布）寬 15cm×20cm
- 底裡布（粉紅棉布）寬 15cm×20cm
- 側面 A 表布（直條紋棉布）寬 20cm×15cm
- 側面 A 裡布（黃底圓點棉布）寬 15cm×20cm
- 側面 B 表布（粉底圓點棉布）寬 15cm×20cm
- 側面 B 裡布（薄荷綠素面棉布）寬 15cm×20cm
- 單膠鋪棉　寬 30cm×25cm
- 接著襯　寬 20cm×18cm
- 貼布縫用布　適量
- 奇異襯　寬 15cm×8cm
- 25 號繡線（粉紅）
- 厚紙（厚 2mm）寬 23cm×18cm

貼布縫作法

1.
奇異襯燙貼在布料背面，
依貼布縫圖案裁剪後撕下
離型紙，燙貼至底布上。

2. 毛邊繡。

※縫份為 1.5cm，裡布為 1cm，
貼布縫為原寸裁剪。

❦ **作法**

1 盒底底布貼布縫後壓線。

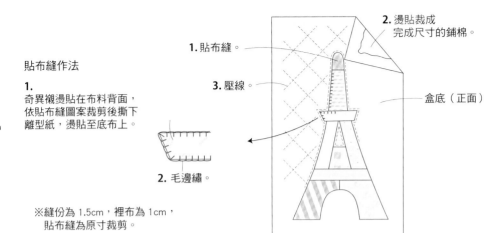

1.貼布縫。
2.燙貼裁成完成尺寸的鋪棉。
3.壓線。
盒底（正面）

2 盒底裡布進行壓線。

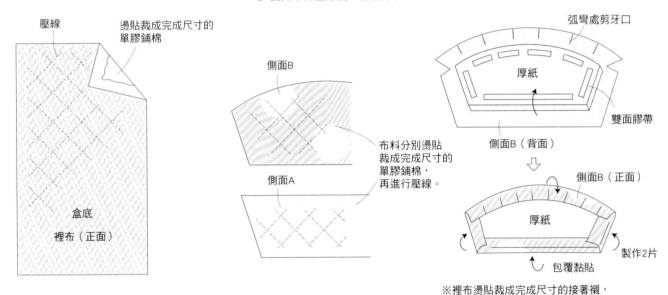

壓線
燙貼裁成完成尺寸的單膠鋪棉
盒底 裡布（正面）

3 側面布料壓線後，包覆厚紙。

側面B
側面A

布料分別燙貼裁成完成尺寸的單膠鋪棉，再進行壓線。

弧彎處剪牙口
厚紙
雙面膠帶
側面B（背面）

側面B（正面）
厚紙
製作2片
包覆黏貼

※裡布燙貼裁成完成尺寸的接著襯，
　摺疊縫份後以熨斗整燙。
※依相同方式製作兩片側面A。

4 側面與裡布對齊縫合，分別製作 A、B。

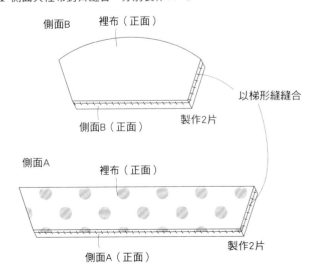

側面B
裡布（正面）
側面B（正面）
製作2片
以梯形縫縫合

側面A
裡布（正面）
側面A（正面）
製作2片

5 以相同方式製作盒底。

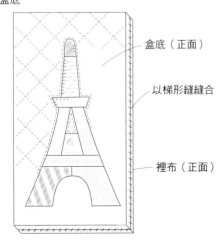

盒底
盒底（正面）
以梯形縫縫合
裡布（正面）

6 先縫合盒底與側面 A，再縫合側面 B。

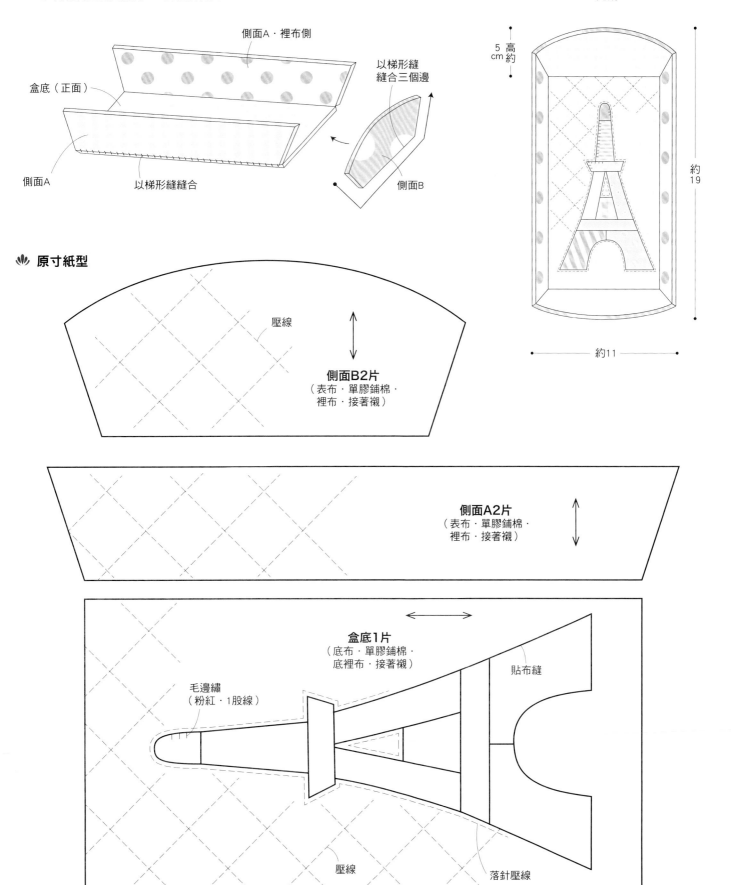

側面A・裡布側

盒底（正面）

以梯形縫縫合三個邊

側面A

以梯形縫縫合

側面B

高 約 5 cm

約 19

約11

❀ 原寸紙型

壓線

側面B2片
（表布・單膠鋪棉・
裡布・接著襯）

側面A2片
（表布・單膠鋪棉・
裡布・接著襯）

盒底1片
（底布・單膠鋪棉・
底裡布・接著襯）

貼布縫

毛邊繡
（粉紅・1股線）

壓線

落針壓線

🌸 材料

- a 布（粉底圓點棉布）寬 40cm×15cm
- b 布（直條紋棉布）寬 40cm×15cm
- c 布（綠色素面棉布）寬 15cm×5cm
- 單膠鋪棉　寬 35cm×15cm
- 奇異襯　寬 5cm×12cm
- 貼布縫用布（黃色棉布）寬 12cm×3cm
- 不織布（原色）寬 10cm×10cm
- 塑膠單圈（直徑 3.5cm）1 個
- 暗釦（直徑 1cm）1 組
- 25 號繡線（粉紅）

※除指定外，縫份皆為 1cm，口布的文字為原寸裁剪。

🌸 作法

1 本體與口布分別進行壓線與貼布縫。

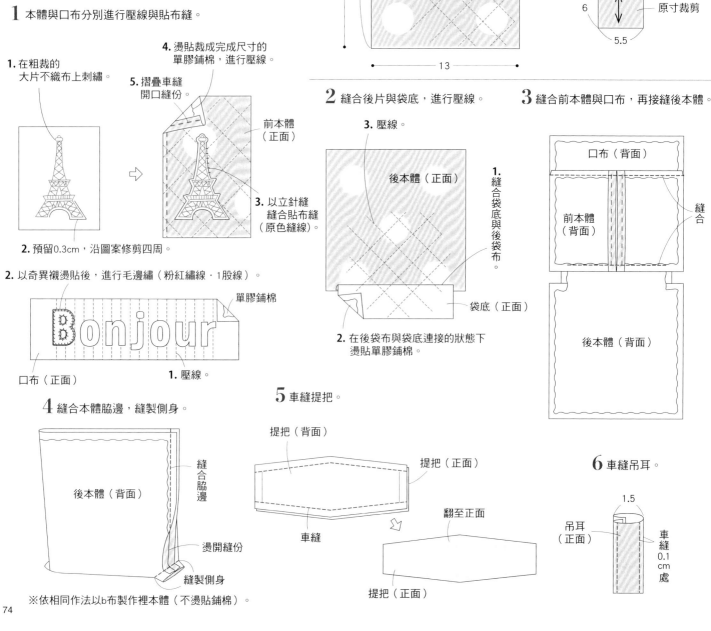

前本體 1 片

口布 1 片　b布

提把 1 條　b布
9
3

袋底

後本體 1 片

吊耳 1 片　a布
6
5.5
原寸裁剪

28.5　13　13

1. 在粗裁的大片不織布上刺繡。

4. 燙貼裁成完成尺寸的單膠鋪棉，進行壓線。

5. 摺疊車縫開口縫份。

前本體（正面）

3. 以立針縫縫合貼布縫（原色縫線）。

2. 預留 0.3cm，沿圖案修剪四周。

2. 以奇異襯燙貼後，進行毛邊繡（粉紅繡線・1股線）。

單膠鋪棉

口布（正面）　**1.** 壓線。

4 縫合本體脇邊，縫製側身。

後本體（背面）

縫合脇邊

燙開縫份

縫製側身

※依相同作法以b布製作裡本體（不燙貼鋪棉）。

2 縫合後片與袋底，進行壓線。

3. 壓線。

後本體（正面）

1. 縫合袋底與後袋布。

袋底（正面）

2. 在後袋布與袋底連接的狀態下燙貼單膠鋪棉。

3 縫合前本體與口布，再接縫後本體。

口布（背面）

前本體（背面）

縫合

後本體（背面）

5 車縫提把。

提把（背面）

提把（正面）

車縫

翻至正面

提把（正面）

6 車縫吊耳。

1.5

吊耳（正面）

車縫 0.1cm 處

7 將提把與吊耳接縫於本體。

提把對摺後接縫

各自對齊中心

吊耳穿過單圈
接縫於口布

0.5

0.5

翻至正面

口布
（正面）

前本體
（正面）

8 將本體放入裡本體內，縫合袋口。

放入本體

縫合

返口

裡前本體
（背面）

9 袋布翻至正面，縫上暗釦。

裡側縫上暗釦

裡前本體
（正面）

從返口翻至正面，縫合返口。

🌸 **完成！**

Bonjour

13

2.5

10.5

🌸 **原寸紙型**

後本體1片
（a布・單膠鋪棉・b布）

前本體2片
（a布・單膠鋪棉・b布）

※以1股線刺繡。

貼布縫

緞面繡

輪廓繡

直線繡

平針繡

口布1片
（b布2片・單膠鋪棉）

Bonjour

暗釦位置
（裡側）

貼布縫

沿著圖案壓線

壓線

摺雙

提把
（b布2片）

袋底
（c布・b布）

材料（共用）

- 零碼布（棉布）適量
- 鋪棉　寬 10cm×10cm
- 合成皮（黑色）寬 10cm×10cm
- 胸針（3cm）1 個
- 珍珠串珠、墜飾與流蘇等　適量
- 包釦芯（直徑 5cm）1 個（40・42）
- 厚紙（41）

※布紋不限。
※除指定外，縫份皆為 0.7cm。

原寸紙型　p.77

作法

1　拼縫布片，疊合鋪棉後進行壓線。
2　沿邊縮縫，包覆釦芯或厚紙。
3　將胸針縫至合成皮上。
4　縫合本體與合成皮。

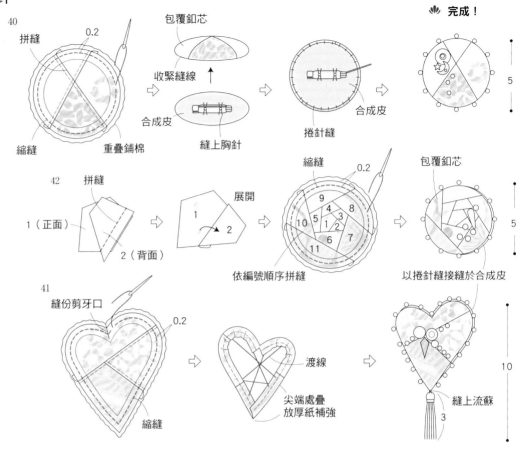

材料

- 零碼布（棉布）合計寬 20cm×10cm
- 填充棉　適量
- 鑰匙圈（直徑 2.8cm）1 個
- 刺子繡線　適量（43 綠・44 粉紅・45 紫）

※除指定外，縫份皆為 0.7cm。

無原寸紙型

作法

1　裁剪拼接布片後進行刺繡。
　　包夾吊耳與後片縫合。
2　翻至正面，塞入棉花。

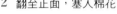

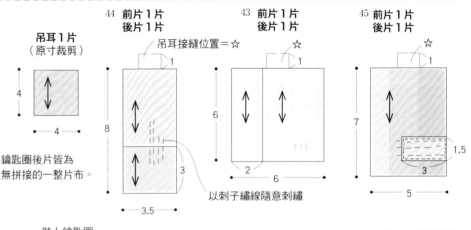

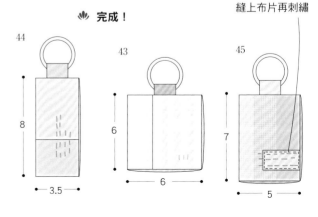

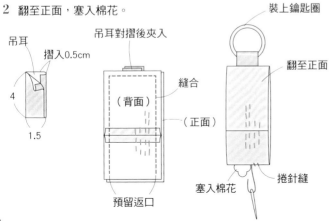

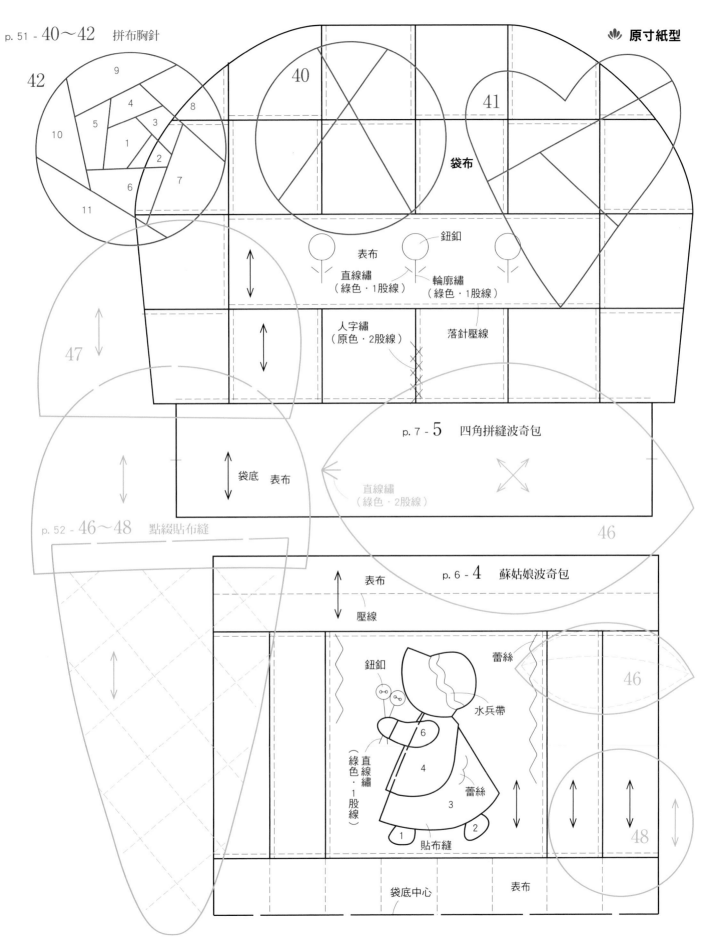

42

9
10
5
4
3
1
2
6
7
11
8

40

41

袋布

表布

鈕釦

直線繡
（綠色・1股線）

輪廓繡
（綠色・1股線）

人字繡
（原色・2股線）

落針壓線

47

p. 7 - 5　四角拼縫波奇包

袋底　表布

直線繡
（綠色・2股線）

46

p. 52 - 46~48　點綴貼布縫

p. 6 - 4　蘇姑娘波奇包

表布

壓線

鈕釦

蕾絲

水兵帶

6
4
3
1
2

直線繡
（綠色・1股線）

蕾絲

貼布縫

46

48

袋底中心　表布

p. 34 - 24 便當袋

❀ 材料

- A 布（灰色亞麻）寬 30cm×25cm
- B 布（圓點棉麻）寬 20cm×25cm
- C 布（芥末黃亞麻）寬 25cm×25cm
- D 布（紅色亞麻）寬 35cm×20cm
- 裡布（綠色棉布）寬 35cm×60cm
- 圓繩（粗 0.5cm）160cm

※除指定外，縫份皆為 1cm。

無原寸紙型

袋布 1 片
裡布 1 片

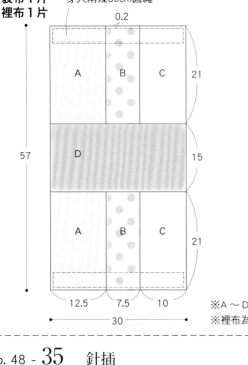

※A ～ D 的布紋為直布紋。
※裡布為無剪接的一整片布。

❀ 作法

1 製作袋布。

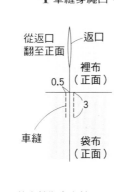
1. 縫合。
2. 縫合。
A　B
D　袋布（正面）

2 袋布與裡布疊合對齊，車縫袋口。

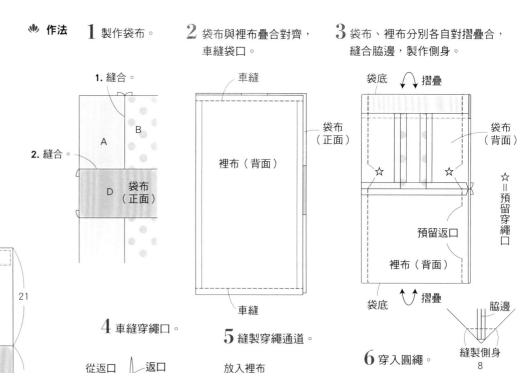
車縫
裡布（背面）
袋布（正面）
車縫

3 袋布、裡布分別各自對摺疊合，縫合脇邊，製作側身。

袋底　摺疊
袋布（正面）
袋布（背面）
☆
預留返口
裡布（背面）
袋底　摺疊
☆ ＝ 預留穿繩口
脇邊
縫製側身
8

4 車縫穿繩口。

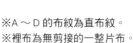
從返口翻至正面　返口
裡布（正面）
0.5　3
車縫
袋布（正面）

5 縫製穿繩通道。

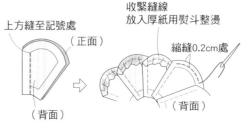
放入裡布
車縫
袋布（正面）

6 穿入圓繩。

穿入兩條80cm圓繩

❀ 完成！

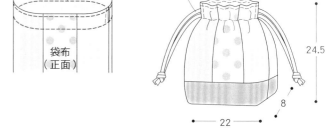
24.5
8
22

---

p. 48 - 35 針插

❀ 材料

1 拼縫 8 片花瓣布片，藏針縫中央圓孔。

2 前本體進行貼布縫與壓線。接縫出芽繩。
　※出芽繩（斜布條雙摺邊再對摺，車縫內側 0.5cm 處，穿入兩條毛線）。

上方縫至記號處（正面）
收緊縫線
放入厚紙用熨斗整燙
縮縫0.2cm處
（背面）
（背面）

❀ 材料

- 拼縫用布片（粉紅色系棉布）合計寬 15cm×15cm
- 表布（粉紅棉布）寬 10cm×10cm
- 單膠鋪棉 寬 10cm×10cm
- 後片布（粉紅棉布）寬 15cm×10cm
- 出芽繩 寬 30cm×2.5cm 的斜布條
- 填充棉與並太毛線 適量
- 25 號繡線（粉紅）

原寸紙型 p.57　　※縫份為 0.7cm。

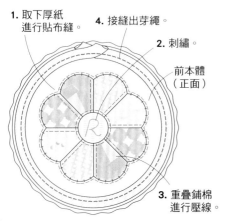
1. 取下厚紙進行貼布縫。
4. 接縫出芽繩。
2. 刺繡。
前本體（正面）
3. 重疊鋪棉進行壓線。

3 縫製後中心，與前片相疊，縫合四周。

2. 縫合四周。
3cm開口
後片（背面）
前本體（正面）
1. 縫合中心。

4 翻至正面，塞入棉花。

翻至正面
後片（正面）
塞入棉花，縫合返口。

❀ 完成！

約 9

拼布基本功

拼布用語解說

布片・・・拼布的最小單位。裁成小片的布。
拼縫・・・拼接縫合布片。
表布・・・拼縫組成一片布的狀態。
鋪棉・・・壓成扁平狀的棉花。

壓線・・・重疊表布、鋪棉與裡布，以平針縫穿縫至裡布縫合固定的技法。
落針壓線・・・沿著布片邊緣壓線。
貼布縫・・・布上放置其他布片，以立針縫固定的技法。
滾邊或包邊・・・以斜布條包捲收邊。
原寸裁剪・・・不加縫份裁剪布片。

拼縫步驟

▪ 製作紙型

複印書上的原寸紙型圖案，置於厚紙上，以錐子在四個角穿孔。用尺與筆畫線連接四個小洞，再以剪刀剪下。

▪ 裁布

布料整燙後置於拼布板上，再放上紙型，在布料背面描繪紙型圖案。要預留縫份空間再繪製下一個布片。

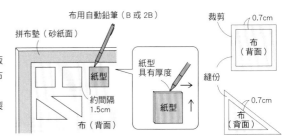

▪ 縫法與線

使用頂針指套，以1股拼布線進行平針縫。針腳約0.2～0.3cm。為了不要看見縫線，最好選用原色或灰色等中間色的線。

▪ 拼布縫法

1 布片正面相對以珠針固定。邊端進行一針回針縫，再以平針縫至另一端，整平皺縮的部分。最後再縫一針回針縫固定。

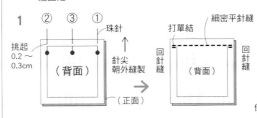

2 縫份是兩片一起倒向顏色深的布片。縫合兩組時，對齊針腳的中心。從一端開始縫合，中心作一針回針縫，再繼續縫至另一端。

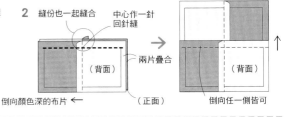

貼布縫

貼布縫的縫份為0.5cm。藉由包覆厚紙作出俐落的布片摺痕，取下厚紙即可置於事先畫好記號的台布，縫合固定。

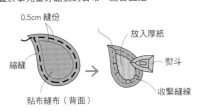

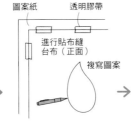

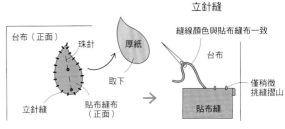

疏縫

▪ 描畫壓線用線條

以布用自動鉛筆在表布上畫線。若是格狀壓線，使用方眼尺會很方便。深色布就用容易辨識的白色或黃色。

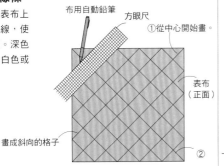

▪ 疏縫

重疊表布、鋪棉、裡布進行疏縫。在平整的桌面將3片重疊固定，必要時可插上珠針。由中心向外側，放射狀的疏縫。

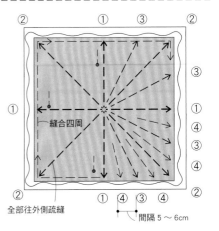

▪ 針與線

使用1股壓縫線作業，依作品整體顏色選擇原色或灰色等融合色，或者配合布料顏色選用。縫針要穿透裡布，針腳保持一致約0.1～0.2cm。
始縫與止縫都是在布的表面處理。完成壓線後需把疏縫線拆掉。

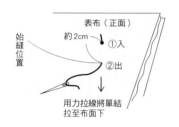

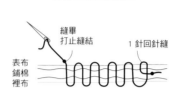

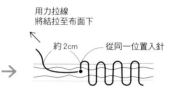

▪ 頂針（指套）用法

持針縫製的那手中指套上皮革頂針，承接縫針的另一手中指則套上金屬頂針。
利用頂針推針，再以金屬頂針抵住針尖後往上穿出，針尖由正面出針。

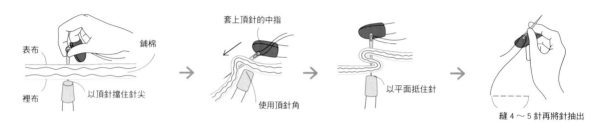

▪ 小作品的壓線方法

像平針縫一樣，手持布料挑縫進行壓線。但這種縫法容易使重疊的三層布錯位，所以要先細細疏縫。

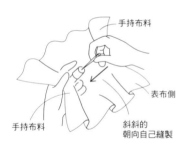

▪ 使用繡框進行壓線

較大型的作品利用繡框繃布壓線，針腳會顯得整齊漂亮。
布料不必繃得太緊，靠著桌邊固定繡框進而空出雙手，使用頂針來縫製的方法。

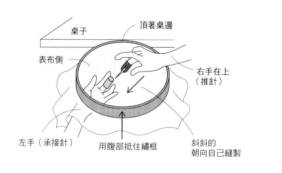

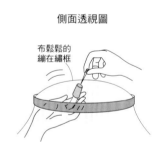

基本刺繡與縫法

平針繡

輪廓繡

回針繡
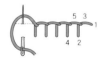

毛邊繡

人字繡
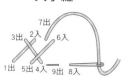

法國結粒繡

梯形縫
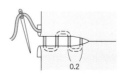

捲針縫

國家圖書館出版品預行編目(CIP)資料

拼・布包　零碼布玩色手作帖：裁剪・拼縫就完成！配色點子
×日常實用布包&小物48款 / BOUTIQUE-SHA 編著.
-- 初版. -- 新北市：Elegant-Boutique新手作出版：悅智文化事
業有限公司發行, 2022.12
　　面；　公分. -- (輕・布作；52)
ISBN 978-957-9623-95-7(平裝)

1.CST: 手提袋 2.CST: 手工藝

426.7　　　　　　　　　　　　　　　　　111019008

🧵 輕・布作 52

拼・布包　零碼布玩色手作帖
裁剪・拼縫就完成！配色點子＆日常實用布包＆小物48款

授　　　權／BOUTIQUE-SHA
譯　　　者／瞿中蓮
發 行 人／詹慶和
執行編輯／蔡毓玲
編　　　輯／劉蕙寧・黃璟安・陳姿伶
封面設計／陳麗娜
執行美編／陳麗娜・周盈汝・韓欣恬
出 版 者／Elegant-Boutique新手作
發 行 者／悅智文化事業有限公司
郵政劃撥帳號／19452608
戶　　　名／悅智文化事業有限公司
地　　　址／新北市板橋區板新路206號3樓
網　　　址／www.elegantbooks.com.tw
電子郵件／elegant.books@msa.hinet.net
電　　　話／(02)8952-4078
傳　　　真／(02)8952-4084

2022年12月初版一刷　定價 380 元

Lady Boutique Series No.4889
HAGIRE DE TSUKURU KENTAN PATCHWORK KOMONO
©2019 Boutique-sha, Inc.
All rights reserved.
Original Japanese edition published in Japan by BOUTIQUE-SHA.
Chinese (in complex character) translation rights arranged with BOUTIQUE-SHA
through Keio Cultural Enterprise Co., Ltd., New Taipei City, Taiwan.

日文版 STAFF

編　　　輯／三城洋子　柳花香
製　　　圖／白井麻衣
作法校對／安彥友美
攝　　　影／久保田あかね
裝幀設計／牧陽子

攝影協力

AWABEES
UTUWA

經銷／易可數位行銷股份有限公司
地址／新北市新店區寶橋路235巷6弄3號5樓
電話／(02)8911-0825　傳真／(02)8911-0801